德 绍 的 包 豪 斯 建 筑

BAUHAUSBAUTEN DESSAU

[德] 瓦尔特·格罗皮乌斯/著   刘 忆/译
Walter Gropius

重庆大学出版社

目　　　　　　　　　　　　　　录

本书记录了一段丰富的过往时光，一个建设、发展、合作的时代。

包豪斯的历史始于 1919 年春天的魏玛。在萨克森 - 魏玛 - 艾森纳赫（Sachsen-Weimar-Eisenach）临时政府的邀请下，我接手了前"大公高级美术学院"和由凡·德·威尔德（Van de Velde）创立的前"大公艺术工艺学校"，并在经过政府同意后将这个全新的综合机构命名为"魏玛国立包豪斯学校"。包豪斯设立的基本目标，是将所有艺术创作门类结合为一个整体，将所有工艺和技术学科作为不可或缺的一部分融入新的建筑领域，让其成为服务于生活的建筑艺术。

被残酷的战争打断了工作的节奏之后，人们经过反思，纷纷意识到转型的重要性。每个人都渴望从自己的领域出发，弥合现实与精神世界之间的巨大裂痕。这些愿望汇集成了包豪斯。

在包豪斯宣告成立时，许多有才华的年轻人聚集在一起，为了在这个经济极度虚弱、共识严重匮乏的时候捍卫包豪斯的未来，承担影响深远的社会责任。在不断试错的过程中，包豪斯逐渐找到了自己的道路。经过与流行的形式主义观念之间的斗争，它的理念慢慢变得清晰。要形成明确、自洽的思想，时间确实漫长，因为包豪斯的本源不仅激进，而且深刻，所以它并非昙花一现，局限于小众领域，而是涵盖生活的方方面面。包豪斯运用阐明概念、综合把握的方法，以求寻找问题的根源，并且通过不懈的努力，向大众宣扬它的理念：艺术创作不应该是精神或物质层面的奢侈行为，而应该是生活本身！创新的艺术精神构成了新设计的基础，而技术变革为新设计的落地实施提供了工具！所有人都在努力融合艺术和技术两类思维方式，去联结蓬勃发展的现实工业世界，同时打散、拓宽如今僵化、狭隘、短视、利益至上的经济体系，从而将创作者从与世隔绝的自我世界中解放出来。以上社会思想意在统一一切创作与生活本身的关系，反对"为艺术而艺术"（l'art pour l'art），以及其背后更加危险的思想根源——"唯利是图"（Wirtschaft als Selbstzweck）。这也为包豪斯的工作指明了方向。创立伊始，比起追求工作成果，方向的确立更加重要。

包豪斯深入地参与了以上这场精神思辨，因此对技术产品的设计过程和其制造方法的整体发展表现出强烈的兴趣。这引起了误会，让人们以为包豪斯正在构建理性主义的神殿。实际上，它是在探寻设计和技术领域共同的基础和边界："一个物品是由其本质决定的。为了造就可以正确发挥其功能的形式，必须研究物品的本质；因为它应该完美地达到其目的，也就是说，切实地完善其功能，耐用、便宜，而且'美观'。"然而，为日常生活提供流畅、丰富的服务，并不是其最终目的，只是充分实现个人自由和独立所必需的前提条件。所以，包豪斯在生活实践中建立的标准，并非对个体

● 作者注：见包豪斯丛书卷七《包豪斯工坊新作品》中由瓦尔特·格罗皮乌斯（Walter Gropius）撰写的《包豪斯作品的基本创作原则》一文。

2

的新型奴役和机械化训练，而是通过摆脱不必要的负担来解放生活，使其呈现出更加自由和饱满的状态。

为了满足这些要求，必须"以最小的投入获得最大的产出"。在这个崇尚科技的时代，在解决产品问题的过程中，人们很快就认识到了这一古老的法则，它主导着工程师的工作。精神体系的发展比物质体系更慢一些，因为它需要更多的认知和思考。这是教化和文化之间的交叉点！它揭示了两类产品之间的本质差异：一类出自技术和经济的考虑，是理性思维冷静工作的结果；另一类是所谓的"艺术品"，是激情的产物。前者是对无数个人工作的客观总结，而后者是昙花一现的结果，是一个自成一体的微型宇宙，将会随着创作者的日渐成熟产生越来越多的普遍意义。

对艺术创作者而言，完美而理性的技术产品吸引力何在？这是艺术家创作的手段！产品的本质是真诚的，它将各个组件以紧凑、简洁、满足功能要求的形式结合为一个有机的整体，而且大胆地运用了新的材料和方法，这也是艺术创作的基本逻辑。

无论是在精神层面还是物质层面，"艺术品"的"功能"就如工程师的作品一样，就像一架飞机，其目的自然是飞行。这样看来，艺术创作者所在的领域虽有别于工业制造，却无需脱离舒适区，而是可以将工业产品视为参考对象，通过深入了解其生产过程来启发自己的创作。虽然艺术品终究是技术的产物，但若同时要完成精神的追求，就必须借助想象和激情的力量。

现在，包豪斯面临另外两个重要问题：什么是空间？我们通过哪些手段来塑造它？[*]现代画家中的搅局者们从重新驾驭抽象空间开始着手解决问题，这也是为什么他们在新包豪斯教学体系中占据着不可或缺的地位。在图画、建筑、器物和舞台上，人们将真实可感的元素融入教学之中，探索和发展着空间关系。

在 1923 年于魏玛进行的展览中，包豪斯以"艺术与技术：一种新的统一"为口号，展示了其思想积淀的初步成果，建立了这个备受争议的学院在公众中的声誉。在其思想的鼓舞下，人们致力于发现和解决问题，行动不断发酵，四处涌现。

尽管如此，包豪斯仍然面临严重的危机。在缺乏理解、充满敌意的政府威胁下，为了防止学院遭到毁灭打击，也基于对团结和道义力量的共识，学校的管理层和大师委员会（Meisterrae）自发于 1924 年圣诞节公开宣布解散。尽管当时很多人唱衰包豪斯[**]，但是事实证明，这一行动是正确的。利奥内尔·费宁格（Lyonel Feininger）、瓦西里·康定斯基（Wassily Kandinsky）、保罗·克利（Paul Klee）、格哈德·马克斯（Gerhard Marcks）、拉兹洛·莫霍利 - 纳吉（Ladislaus Moholy-Nagy）、乔治·穆赫（Georg Muche）、奥斯卡·施莱默（Oskar Schlemmer）等包豪斯陆续聘用的大师[***]和学生之间形成了精神同盟，通过了人性的考验。包豪斯的学生自发地向政府表示和学校管理者、老师们站在一起，并且宣布退学。包豪斯的这种团结立场引发了广泛的舆论反响，也决定了它的命运。德绍（Dessau）、法兰克福（Frankfurt）、哈根（Hagen）、曼海姆（Mannheim）、达姆施塔特（Darmstadt）等各个城市开始就接手包

●作者注：见莫霍利 - 纳吉所著《新视觉：从材料到建筑》一书（包豪斯丛书卷十四）中的基础章节"空间"。

●●作者注：要了解当时包豪斯受到了哪些阻力，可以参考一位"建筑公会"专家的以下言论："实际上没有人谋杀了包豪斯！它是自己毁了自己！……在德国，我们是否还要建设学校，培养能力来生产富裕阶层感兴趣的琐碎事物？年轻人是否依然需要接受培训，不用让制作者自己都觉得反胃的艺术甜品来填补文化圈层的空虚和空洞？"——H. 德·弗里斯（H. de Fries）

●●●作者注：J. 伊顿（J. Itten）和 L. 施莱耶（L. Schreyer）在此之前已经离开。

4

豪斯的事宜进行商议。德绍是德国中部褐煤矿区的中心，经济发展欣欣向荣，在市长赫塞（Hesse）具有先见之明的引导下，这座城市决定全面接管包豪斯。随着魏玛的合同到期，老师和学生们于 1925 年春天迁至德绍，并且开始重建包豪斯。图林根州（Thüringen）被迫放弃对"包豪斯"一名的所有权，安哈尔特州（Anhalt）政府确认这个新学院为"德绍包豪斯设计学院"。市政府在接管的同时采取了果断措施：他们采纳了我的建议，批准学院建设新的校舍，其中包括为学生提供的特许住房，以及为大师们提供的七套单户公寓，并且委托我负责这些建筑的落地实施，这也为工坊带来了很好的实践机会。

包括约瑟夫·阿尔伯斯（Josef Albers）、赫伯特·拜尔（Herbert Bayer）、马塞尔·布劳耶（Marcell Breuer）、欣纳克·舍珀（Hinnerk Scheper）、约斯特·施密特（Joost Schmidt）和贡塔·斯特尔兹尔（Gunta Stölzl）在内的六位包豪斯学生获得了教职，成为大师委员会的成员，随后，包豪斯将基本的工作方法，特别是教学模式一并根据魏玛时期的经验进行了细致的修订。学生代表积极参与所有组织工作，将在魏玛形成的思想和计划进行巩固、慢慢实现，逐渐阐明了包豪斯的社会意义。学校与工业的联系越发紧密，工坊日渐清晰地呈现出期待中的样子，成为批量工业产品的孵化实验室。专业教师的引进扩大了建筑部门的教学范围，而基础教育和设计教育课程原本就是包豪斯共创工作的核心，如今也产生了新的活力。

与此同时，包豪斯的新建筑经过一年的建设之后投入使用，学院于 1926 年 12 月在众多国内外嘉宾面前举办了展览作为其揭幕仪式。

正如这本书所体现的那样，以上工作成果呈现出统一的面貌，尽管合作个体之间存在着差异，但这是包豪斯思想共同发展的结果，终于打破了旧时代"工艺美术"审美风格的形式教条。"包豪斯丛书"、"包豪斯"杂志和"包豪斯之夜"讲座这些在魏玛时期便已经开始悉心经营的事物，为包豪斯创造了活跃而丰富的讨论交流机会，防止人们陷入早期学院派的闭塞状态。与此同时，我们也必须和模仿者、误解者们进行对抗，他们现在正试图在一切无需装饰的现代建筑和器物上寻找"包豪斯风格"的属性，这有可能威胁到包豪斯创作的基本原则，令其变得肤浅。包豪斯的目标不是"风格"，不是系统、教条或者规范，也不是配方和时尚！只有不拘泥于形式，在变化的形式背后探寻生活本身的流动性时，它才能够保持活力！

包豪斯是世界上第一个敢于将这种反学术的观念纳入教学的机构。为了成功地贯彻自己的思想，包豪斯承担了引领的责任，为战友们保驾护航，唯有如此，想象和现实才能合二为一。然而，"包豪斯风格"将是一种倒退，这是一种令学术萧条、与生命为敌的懒散状态，与之对抗，正是包豪斯当初创立的初衷。但愿包豪斯不要因此而亡！

1928 年的春天，当我结束了在包豪斯历时九年的战斗和职责，转而回到自己的建筑工作时，包豪斯的思想已经在公众心中站稳了脚跟，它最初和最艰巨的任务已经完成。

通过本书的图片和说明，我将介绍我在德绍包豪斯作为建筑师和工程管理者的工作内容。这些工作始于学校建立初期，尝试对包豪斯的新技术和新形式成果加以运用，伴随着所有不得不做的斗争。

建筑在书籍中的表现手段非常有限，摄影无法再现空间的体验。当我们站在建筑前观看时，空间或建筑形体与自身体形之间形成直观对比，从而激发内心的紧张感，这种感受是缩小的平面图像完全无法传达的。况且，体量和空间也是生活本身的容器和背景，它们应该为生活服务，而我们只能通过演示说明人们在其中活动的过程。正因如此，我相信，只有以不断转换的视角呈现一系列想象中的空间景象，提供大量的图片供读者逐个浏览，才能将建筑的本质、内在功能的秩序以及由此产生的空间效果悉数重现。

德绍市授予我以下所有建筑项目的整体指挥权——规划、交付和施工管理，因此，我在包豪斯的各个单项工作都能协同进行、统筹管理，所有的设计和施工图纸都由我的个人工作室*制作。尽管如此，我还是以"包豪斯建筑"的名义呈现这些建筑，因为它们必然会被认为是包豪斯长期以来思想交流的成果，而包豪斯的管理部门、大师和工坊也独立筹划并实施了一些重要的建造内容。**

● 作者注：在我的建筑事务所中，以下建筑师们参与了建筑的筹划和实施，卡尔 · 费格尔（Karl Fieger）、弗里德里希 · 希尔茨（Friedrich Hirz）、马克斯 · 克拉耶夫斯基（Max Krajewski）、弗里茨 · 勒韦达格（Fritz Levedag）、奥托 · 迈耶 - 奥滕斯（Otto Meyer-Ottens）、恩斯特 · 诺伊费特（Ernst Neufert）、海因茨 · 诺塞尔特（Heinz Nösselt）、理查德 · 保利克（Richard Paulick）、赫伯特 · 施皮克（Herbert Schipke）、伯恩哈德 · 施图尔特克普夫（Bernhard Sturtskopf）、弗兰茨 · 特罗尔（Franz Throll）、瓦尔特 · 特拉劳（Walter Tralau）、汉斯 · 福尔格（Hans Volger）。

● ● 作者注：木作工坊提供移动和嵌入式家具，金属工坊提供照明设备，纺织工坊提供家具和窗帘用的布料，墙绘工坊负责建筑的室内外色彩设计，印刷工坊负责标识系统。

7

德　绍　的　包　豪　斯　校　舍

建成于 1926 年

建筑师：瓦尔特 · 格罗皮乌斯

这座包豪斯校舍

于 1925 年秋季在德绍市的委托下启动设计，经过一年的建设，在 1926 年 12 月竣工并举行了揭幕典礼。

整个建筑占地面积约 2 630 平方米，包含约 32 450 立方米的建筑空间。总造价为 902 500 马克，也就是每立方米建筑空间 27.8 马克，包括所有的附加费用。家具的采购费用为 126 200 马克。

整个建筑群分为三个部分：

1　　"工艺学校"翼楼
　　　这座后来成为工艺学校的建筑包括教学和行政办公室、教师办公室、图书馆、物理实验室、模型室，拥有装修完善的下沉基座空间、抬高的首层空间，其上还有两层楼。和这两层楼相连的一段建筑首层架空，依靠四根柱子支撑，二层为包豪斯管理部门，三层为建筑分部，这段建筑充当桥梁的作用，通往：

2　　包豪斯教室和实验工坊
　　　下沉基座空间中有舞台、印刷、印染、雕塑工坊，包装和储藏室、门卫宿舍和带有煤炭储藏前室的供热间。

首层有木作工坊和展厅、礼堂，以及与之相邻的、带有高架舞台的大礼堂。

往上一层有纺织工坊、基础课程室、报告厅，而1号建筑和2号建筑之间通过架空建筑体中的走廊相连。

再往上一层有墙绘工坊、金属工坊和两个讲堂，可以合并成一个大型展厅。和这一层相连的桥楼中有建筑分部和包豪斯办公室。建筑的首层大厅通过单层的中介空间连接，通往：

3   学生工作室
里面包含学生的娱乐设施——位于大厅和餐厅之间的舞台，在演出时可向两侧敞开，这样前后都能设置观众席。在庆典场合下，所有舞台墙壁均可打开，将餐厅、舞台、礼堂和门厅的一系列空间统一组合成一个大型的活动区域。

餐厅后面是厨房和功能用房，邻接一个宽敞的露台，与一个大型运动场相连。

再往上五层楼有28间可供包豪斯学生居住的工作室，每层设置一个茶水间。学生公寓的四个楼层和可上人屋顶连着杂物间，通往厨房。

在学生工作室的下沉基座空间内设有浴室、提供更衣室的健身房和配备电动洗衣机的洗衣房。

整个建筑的材料和结构：

钢筋混凝土框架结构，内填砖墙。梁上铺设钢石楼板（Steineisendecke）•，下沉空间则是"蘑菇柱楼板（Pilzdecke）••"。所有窗户均采用二次折弯（Doppelt Überfälzten）••• 的型钢边框，内嵌水晶镜面玻璃（Kristallspiegelgls Verglast）••••。可上人的平屋顶覆有焊接在一起的沥青板，下铺泥炭保温层，至于不可上人的平屋顶，则是在麻布上冷涂涂料，覆盖在泥炭保温层和混凝土找平层之上。雨水通过建筑内部的铸铁管道排走，这样就无需使用锌制排水管。外墙覆有使用矿物颜料染色的凯姆（Keim）牌水泥砂浆涂料。

整个建筑的空间色彩设计由包豪斯的墙绘部门完成。所有照明装置均由包豪斯的金属工坊设计并完成制作。大厅、餐厅和工作室的钢管家具根据布劳耶的设计制作。包豪斯的印刷工坊制作了标识系统。

●译者注：这种楼板通常由空心或实心砌块砌筑而成，砌块之间的缝隙和表层填充混凝土，其中内埋钢筋，对结构进行拉结加固。
●●译者注：这是最早的无梁楼板，通过把楼板下方的柱头加宽成蘑菇形状，将楼板负载均匀地传递给柱子，从而省去横梁。第一个蘑菇柱楼板系统由美国建筑师特纳（Turner）于 1906 年设计建造。
●●●译者注：将型材进行二次折弯，形成两层阶梯状的边框，当窗户关闭时，窗扇边框与外框相互咬合，产生双重密封效果，提高了隔音和防盗性能。
●●●●译者注：一种具有强烈折射光、透明无色、平整光滑的平板玻璃。早在 15 世纪，威尼斯就将沙子和碳酸钾混合，经过高温烧制，生产出晶莹剔透的玻璃，并将其吹捧为"水晶"。为了实现这种效果，通常需要加入金属氧化物或离子作为添加剂。而镜面玻璃以前仅用于镜子，现在也用于窗户，一开始是通过切割和抛光的手段获得平整的表面，现在则通常以浮法工艺进行生产。

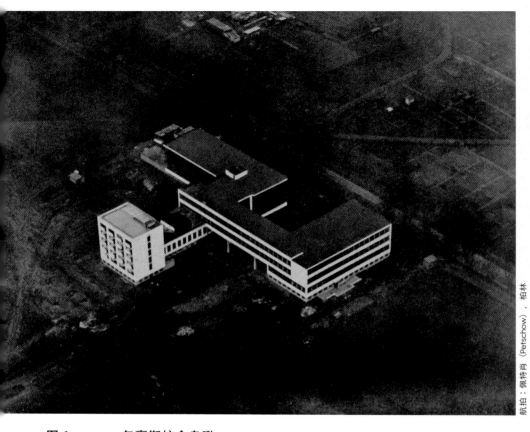

航拍：佩特肖（Perschow），柏林

图 1   包豪斯校舍鸟瞰

空中航线的发展向房屋和城市的建设者们提出了新的要求：过去
人们无法看到的鸟瞰建筑形象，如今也需要有意识地去进行设计。

12

图 2　　　　包豪斯校舍鸟瞰

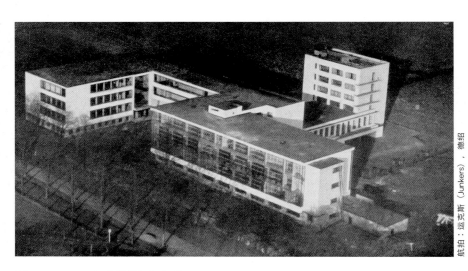

航拍：运克斯（Junkers），德绍

图 3　　　包豪斯校舍鸟瞰

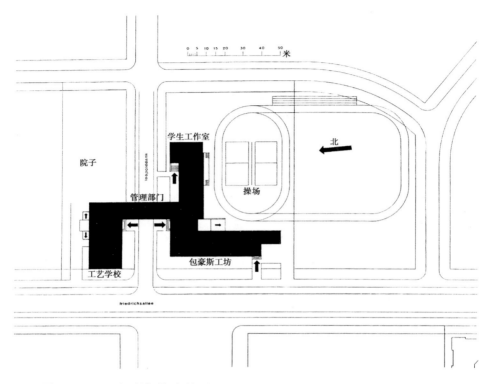

图 4　　　　包豪斯校舍总图

文艺复兴和巴洛克风格建筑通常采用对称立面，入口沿中轴线布置。在近处的人眼中，建筑呈现出平面、二维的形象。

新一代的建筑则摒弃了对称立面的典型外观，人们需要绕行其周才能理解它的形态和功能。

15

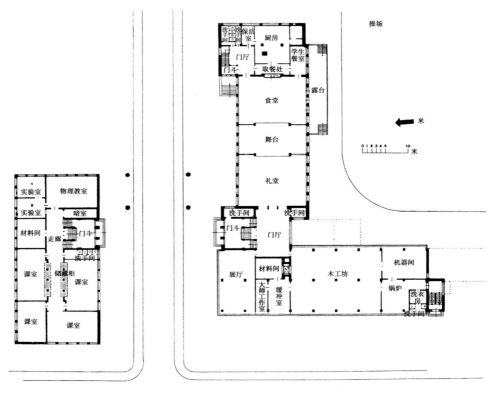

图 5　　　　包豪斯校舍首层平面图

一个良好的平面布局需要：

● 充分利用太阳光照，

● 短而快的交通路径，

● 清晰的整体分区，

● 深思熟虑的轴线划分，便于在必须改变布局时调整房间的布局。

16

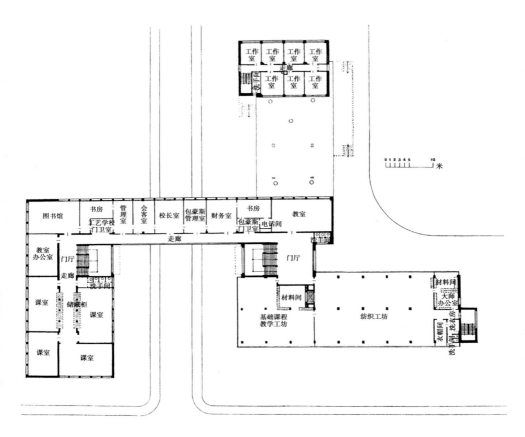

图 6　　　　包豪斯校舍二层平面图

17

图 7　　包豪斯校舍主体结构

1926 年，建筑东面

摄影：韦德肯德（Wedekind），德绍

18

摄影：露西亚·莫霍利（Lucia Moholy），柏林

图 8   **包豪斯校舍主体结构**

1926 年，建筑南面

材料与构造：

夯实的混凝土基础。

钢筋混凝土柱组成结构框架，框架之间铺设钢石楼板，部分填充砖墙。

工坊大楼纵向无需砌体，原来由外墙承担的支撑功能现在由内部柱子承担。围合房间的钢制窗格固定在悬挑而出的天花板上。

半地下室采用无梁"蘑菇柱天花板"，可以降低建筑高度。

学生工作室的可上人屋顶覆盖焊接的沥青板，下铺保温泥炭垫层，其余不可上人的平屋顶则上覆涂抹着阿维吉特（Awegit）牌冷漆的麻布材料，下方铺设泥炭垫层和混凝土找平层。

排水通过建筑内部的铸铁管道进行，可以完全省去外部的锌制落水管。

砖墙外表面覆有防水的光滑水泥砂浆，涂抹白色凯姆牌矿物颜料。

19

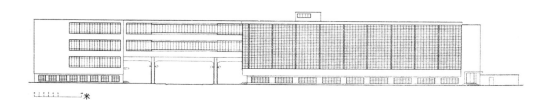

图 9　　　　包豪斯校舍西立面图

图 10　　　　　包豪斯校舍西北面

工坊大楼的外墙彻底消隐，只剩下内嵌镜面玻璃的窗框。结构柱位于内部，在玻璃墙之后（图32和图43）。

之所以在街道上空建造一座形似桥梁的建筑体，是为了让人们分别从不同的入口进入两个独立教学机构：左侧是"工艺学校"，右侧才是"包豪斯"。二者共用的行政办公室位于桥楼内，从两侧建筑内均可进入。

21

摄影：露西亚·莫霍利，柏林

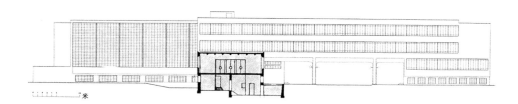

图 11 包豪斯校舍

东立面图，含大厅剖面图

图12   包豪斯校舍东北面

结构柱（图7）退居条状窗的钢制连接组件之后，窗框采用型钢，内嵌镜面玻璃。

照片左侧，从教学楼看过去，包含28间学生工作室和低矮的连接空间，连接空间内有餐厅、厨房、带浴室的健身房、舞台和报告厅。

23

摄影：露西亚·莫霍利，柏林

图 13　　　　包豪斯校舍
　　　　　　桥楼二层的连接走廊

支撑桥楼的柱子（图 14）伫立在内墙之后（照片右边），走廊
平台向外悬挑，钢窗内嵌镜面玻璃。

24

图 14　　　**包豪斯校舍**

位于主楼和"工艺学校"之间的桥楼，揭幕
典礼当天的场景，右侧悬挂着白色、黄色、
红色和蓝色的旗帜。
第二层：管理用房，第三层：建筑分部

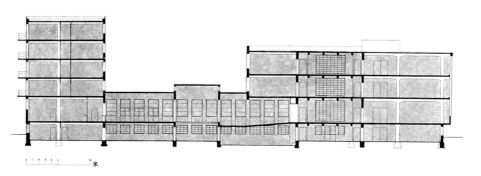

26

← 图 15　　　包豪斯校舍东西剖面图

↑ 图 16　　　包豪斯校舍北面
朝向学生工作室和带舞台的餐厅

27

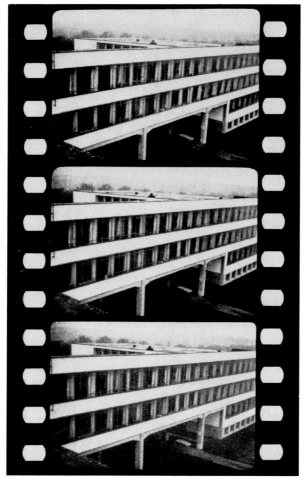

图片来自由 UFA 制作的揭幕影片（1926 年 12 月）

图 17　　包豪斯校舍西北面，朝向桥楼

28

图片来自由 UFA 制作的揭幕影片 (1926 年 12 月)

图 18　　　包豪斯校舍东南面

29

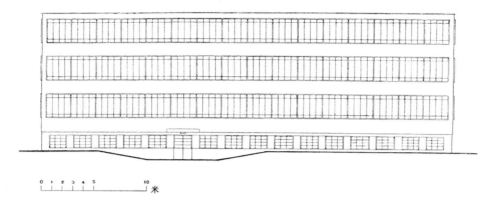

图 19 　　包豪斯校舍

"工艺学校"北立面图

建筑骨架的承重混凝土支柱位于条状窗带的接缝后面，也就是半地下室窗户之间的可见支柱上方（同时如图 20）。

钢窗上下带有通风开启扇，可以保证教室良好的通风和换气，自此之后，这种窗户类型不断在德国得到应用。窗玻璃采用抛光镜面玻璃。

摄影：露西亚·莫霍利，柏林

图 20　　　**包豪斯校舍**

"工艺学校"西北面

31

↓ 图 21　　　包豪斯校舍南立面图

采用理性的计划管理方法，保证"最小投入，最大产出"——
如今建筑工程的技术发展比以往任何时候都更受这一古老法则
的影响。技术手段的快速发展促使工程师有意地减少建筑体量，
这样也就能减少材料、空间、质量和运输成本。

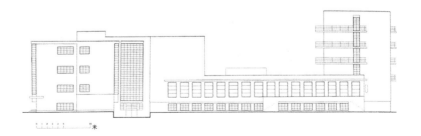

32

图 22　　　　包豪斯校舍南面

在设计工艺方面，新兴工业建材与传统的天然建材形成了竞争
关系，而前者开始超越后者。钢材、混凝土、玻璃这些新材料
具有超高的强度和分子致密性，因此才能最大限度地节约建
材，建造宽敞明亮的空间和物体，而传统的材料和技术无法满
足构造上的要求。钢材或混凝土的结构形式越发大胆，空间效
率逐渐提高，其目标十分明确，那就是通过精密的计算和强度
的提升来控制承重结构的尺寸，从而不断扩大墙壁和屋顶的开
口，让阳光不受阻碍地进入原本为了遮风挡雨而封闭起来的室
内。传统房屋有着大面积的墙面、小面积的窗户、封闭的屋顶，
现在情况反过来了：在高强度结构柱构成的纤细框架内，是舒
展的窗户和有天光的屋顶。

33

0 1 2 3 4 5   10
米

图 23   包豪斯校舍学生工作室东立面图

图 24　　　　包豪斯校舍东面

我们认为，除了为包豪斯的共同目标而工作，人们还需要有在集体之外一个人静一静的机会，因此没有把学生工作室纳入常规管理范畴，而是将每间工作室设计得尽可能安静宜居，还有各自的小阳台。

35

摄影：吕昂奈尔·费宁格（Lyonel Feininger），德绍

摄影：康瑟穆勒（Consemüller），包豪斯

← 图 25　　　包豪斯校舍学生工作室南面夜景

↑ 图 26　　　包豪斯校舍学生工作室东南面

每间工作室都包括一个尺寸为 5.17 米 x 4.35 米（轴线尺寸）的
大房间，配有睡眠区、洗脸池和两个壁橱。每层设有公用茶水间、
送餐升降机。

37

摄影：吕昂奈尔·费宁格，德绍

↑ 图 27　　　　包豪斯校舍

　　　　　　　　学生工作室的阳台夜景

→ 图 28　　　　包豪斯校舍

　　　　　　　　学生工作室的独立阳台

38

摄影：乌特克（Wutke），莫斯科

39

摄影：露西亚·莫霍利，柏林

40

摄影：露西亚·莫霍利，柏林

← **图 29**　　**包豪斯校舍**

主楼入口以及工坊大楼全玻璃立面

↑ **图 30**　　**包豪斯校舍**

从桥楼下方望向学生工作室、餐厅和舞台

4 1

摄影：露西亚·莫霍利，柏林

图31　　　　包豪斯校舍西北面

图 32   包豪斯校舍

工坊大楼西北角
画面左侧是通往"工艺学校"的入口

这个工坊大楼的角落清晰地展示了混凝土柱和实心楼板的结构
框架。为了让墙体消隐，此处将玻璃幕墙连续拉满整个立面，
覆盖在承重结构框架之前，首次营造出完整的立面效果。半地
下室的天花板悬挑而出，有两个好处：一是结构足够稳定，因
此可以缩短外层和中间柱子的间距，减小结构跨度，节约成本；
二是在工坊区域的柱子前也可以安装整面玻璃幕墙，充分利用
采光面积。
沿整片玻璃幕墙安装低矮的暖气片，在楼板下缘通铺窗帘，遮
阳防晒。

43

图 33　　　　　包豪斯校舍主入口

44

摄影：卢克斯·费宁格（Lux Feininger），包豪斯

图 34 包豪斯校舍
工坊大楼局部立面

随着现代建筑技术的发展，窗户的开口尺寸不断增大，玻璃作为一种现代建筑材料在此发挥着重要作用。它的应用将是无限的，不会局限于窗户。玻璃品质上乘，透明清晰，有着轻盈、悬浮、无形的质感，长期受到现代建筑师的钟爱。

45

摄影：露西亚·莫霍利，柏林

↑ 图 35 　　**包豪斯校舍**
　　　　　　从主楼梯间通往院子的侧门
　　　　　　画面左边是工坊大楼，右边是礼堂

→ 图 36 　　**包豪斯校舍**
　　　　　　从内嵌整面镜面玻璃的主楼梯间窗户看向工坊大楼

46

摄影：伊庭（Itting），包豪斯

摄影：亚特兰提克（Atlantik），柏林

← 图 37　　**包豪斯校舍**
工坊大楼和主楼梯之间的角落

↑ 图 38　　**包豪斯校舍**
从主楼梯间楼梯平台看向"工艺学校"
通风开启扇是镀铜的旋转窗，可以固定在任意角度

49

↑ 图 39 **包豪斯校舍**

学生工作室的
屋顶花园（学
生的锻炼场地）

环绕一周的扶
手充当长椅

地面覆层是焊
接在一起的沥
青板

50

包豪斯校舍
            望向餐厅的露台

在过去的 20 年里，我建造了不少可以上人或不可上人的平屋顶建筑，这些成功经验使我深信，经过技术的发展，人类在未来将全部使用平屋顶建筑，因为它相对于传统斜屋顶有着太多的优势，平屋顶将会取得最终的胜利，一切只是时间问题。可上人的绿化屋顶是将自然引入大城市石头荒漠的有效方法，从空中往下看，拥有平屋顶和露台的未来城市看上去就像一座巨大的花园，由于建造房屋而损失的可栽种土地也将重新出现在平坦的屋面上。

水平屋面还有其他优点，包括：形成方正的矩形顶层空间，而非难以利用的斜屋顶死角；避免使用容易导致屋顶火灾的木制屋架；可利用屋面（用于儿童游乐、晾晒衣物等）；为方块状建筑物再增加一个便于加建的表面；没有受风面，因此维护成本更低（无需维护屋瓦、板岩和木瓦）；避免使用由脆弱锌板制成的连接件、水槽和落水管。

51

摄影：卢克斯·费宁格，包豪斯

摄影：卢克斯·费宁格，包豪斯

摄影：卢克斯·费宁格，包豪斯

摄影：卢克斯·费宁格，包豪斯

图 41—图 47　　　包豪斯校舍

包豪斯生活

53

摄影：卢克斯·费宁格，包豪斯

摄影：卢克斯·费宁格，包豪斯

摄影：卢克斯·费宁格，包豪斯

↑ 图 48   **包豪斯校舍**

东北面夜景
建筑揭幕典礼当天的包豪斯庆典，现场有
几千名来自国内外的宾客参加活动

→ 图 49   **包豪斯校舍**

西北面夜景
夜间照明让建筑的结构骨架清晰可见

自魏玛包豪斯时期以来，这里逐渐形成了"包豪斯庆典"的传统，
包括庆典空间、服装和表演，以及由大师和学生们即兴表演的
欢迎仪式。这些庆祝活动是团结包豪斯友谊的最强大手段之一，
对所有参与者而言都是一次难忘的体验。

56

58

摄影：康瑟禄勒，包豪斯

← 图 50　　　**包豪斯校舍**

工坊空间钢窗
将柱子设置在玻璃幕墙之内，使用悬挑屋顶，
从而减小跨度
沿整面玻璃幕墙铺设的热辐射取暖器
镀铜旋转窗扇

↑ 图 51　　　**包豪斯校舍**

礼堂和餐厅的钢窗
右侧下方的转轮同时操控三到四面窗户，
每面窗有四片镀铜的内翻窗扇

↗ 图 52　　　**包豪斯校舍**

半地下室浴室的窗户

59

图 53　　**包豪斯校舍**

　　"工艺学校"的走廊和楼梯（平面图如图 6）
学校走廊的两侧均有教室，这是一种经济节约
的解决方案。走廊保险柜区域上方安装双层隔
音玻璃天窗，引入自然光线。将教室面对面设
置，在楼梯间安装窗户，便于通风

摄影：康瑟穆勒，包豪斯

图 54 **包豪斯校舍**

主楼梯间
黑白水磨石材料制成的护栏盖板及楼梯踏步

↑图 55   **包豪斯校舍**

入口门厅，其中三扇门通往礼堂
灯具和色彩设计：由莫霍利 - 纳吉联合包豪斯
工坊完成

↗图 56   **包豪斯校舍**

礼堂
钢管椅：马塞尔·布劳耶
灯具：包豪斯金属工坊（莫霍利 - 纳吉）
色彩设计：包豪斯墙绘部门（舍珀）

62

礼堂配有相连的舞台，用于会议、演讲和舞台表演，其后墙也可打开通往餐厅。采用管灯提供漫射、防眩光的照明。画面右上方是投影设备的凹槽。

63

摄影：康瑟穆勒，包豪斯

摄影：康瑟穆勒，包豪斯

图 57   **包豪斯校舍**

"工艺学校"的教师室，配备教师衣柜和图
纸储藏柜
色彩设计：包豪斯墙绘部门（舍珀）

64

图 58　　包豪斯校舍

主管工作室

大师委员会和学生代表的联合会议在此处进行

色彩设计：包豪斯墙绘部门（舍珀）

图 59 **包豪斯校舍**

纺织工坊中的织机和卷纬机
屋顶落水管设置在室内柱子旁
楼板涂白，没有粉刷
健康、明亮的工作间可以提高效率

摄影：康瑟穆勒，包豪斯

包豪斯照片

图 60　　　　包豪斯校舍

金属工坊，钻机

↑ 图 61　　　**包豪斯校舍**
金属工坊，压床和磨床

↗ 图 62　　　**包豪斯校舍**
金属工坊，工作区域

摄影：布兰特，包豪斯

图63　　包豪斯校舍

金属工坊，画面前端是压床夹头和灯具配件

目前对手工艺和工业人才分别进行培训的方式既不合逻辑，又老旧过时。传统的手工艺教学实际上需要和工艺教育相结合，使得每个学徒都能掌握现代工业工作方法的基础和相关知识。

69

图 64 　　　包豪斯校舍

木作工坊

包豪斯照片

70

图 65 包豪斯校舍

墙绘工坊
将不同的抹灰上色技术应用在墙上,
进行系统性实验

↑ 图 66　　**包豪斯校舍**
预科教学的金工和绘图教室

↗ 图 67　　**包豪斯校舍**
绘图室
建筑部门的绘图教室，左侧是与走廊之间的
隔墙，和图纸及材料样品柜结合在一起。工
作区域通过贯穿的条状窗带获得均匀的光照

72

摄影：彼得汉斯（Peterhans），包豪斯

摄影：彼得汉斯，包豪斯

73

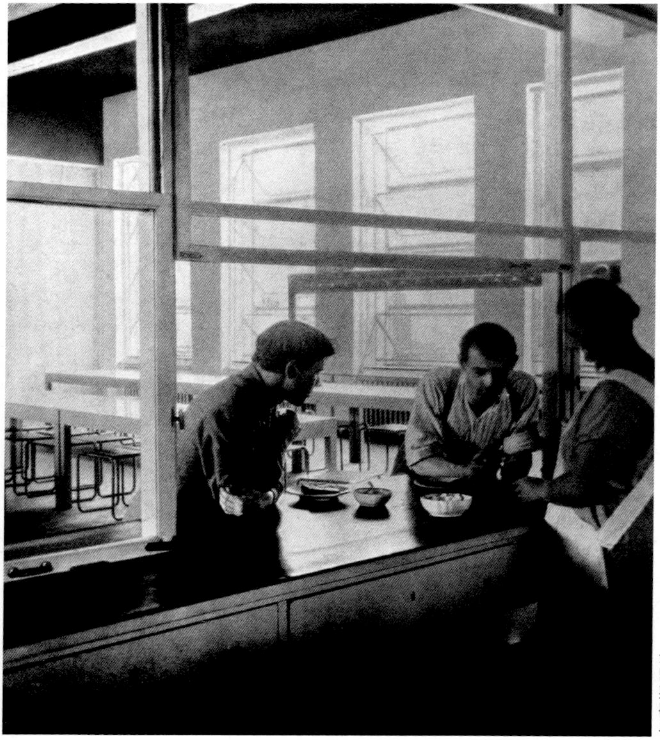

包豪斯照片

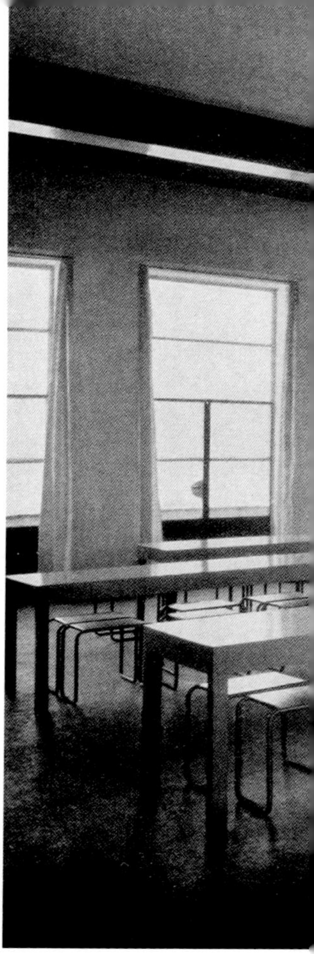

图 68　**包豪斯校舍**

餐厅的取餐处

背景中钢窗的翻转窗扇清晰可见

摄影：康瑟穆勒，包豪斯

图 69　　　**包豪斯校舍**

餐厅
背景中是通往舞台的白色和黑色声学门
家具：包豪斯木作工坊（布劳耶）
照明：包豪斯金属工坊（莫霍利 - 纳吉）
色彩设计：包豪斯墙绘部门（舍珀）

75

摄影：彼得汉斯，包豪斯

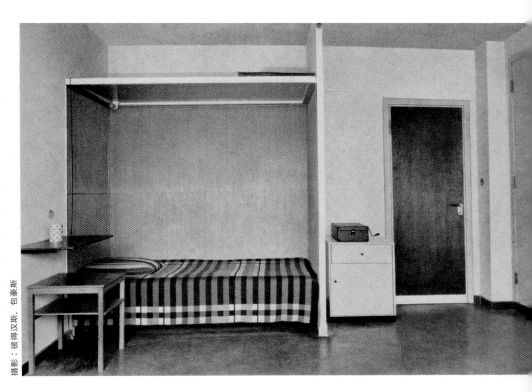

← 图 70　　**包豪斯校舍**

学生工作室每层楼配备一个茶水间，服务 7
间工作室，前面是共用的阳台

↑ 图 71　　**包豪斯校舍**

工作室配备睡眠区、两个墙柜、提供冷热自
来水的洗脸台、工作桌椅

77

78

↖ **图 72**　　**包豪斯校舍**

工坊大楼的盥洗室

↑ **图 73**　　**包豪斯校舍**

两个工坊之间的可旋转电话

↗ **图 74**　　**包豪斯校舍**

教室的灯具，包豪斯金属工坊

　　凸起的玻璃罩形成间接的照明效果，其技术是将乳白玻璃（下部）与磨砂玻璃（上部）精确地焊接在一起。这就是"把缝隙变为优点"！（辛克尔语）

79

80

图 75　　包豪斯校舍

鸟瞰

大众对建筑的外形最感兴趣，因为这是最直观的体验。人类天生具有惰性，所以公众无法迅速转变观念，接受新的形式。技术史表明，新的技术发明最初会隐藏在模仿过往形式的外表之下。汽车一开始看起来就像马车！但是随着技术的迅速发展，现代人逐渐习惯了更快地接受逻辑清晰的新形式。现代建筑与工业技术共同发展，形成了和传统手工建筑大不相同的面貌，它以清晰、简洁、比例协调的形式为特征，和由机器生产的现代工业产品一样，超越了旧有技术的想象。有创意的建筑师最关心的是如何发现新的功能，并从技术和设计角度着手进行处理。评价一件建筑作品的关键在于，建筑师和工程师能否以最少的时间和材料成本创造一个可以足够发挥作用的工具，完美实现预期的生活需求——这个需求可能既包括物质方面，也包括精神方面。

81

1925—1926 年建于德绍

建筑师：瓦尔特　·　格罗皮乌斯

包豪斯大师住宅

于 1925 年夏季由德绍市委托启动设计，经过一年的建设后投入使用。其中的独栋住宅体积为 1 908 立方米，三栋双拼住宅各自包含 2 507 立方米的建筑空间。独栋住宅造价为 61 860 马克，也就是每立方米 32.4 马克，双拼住宅的造价为每栋 81 500 马克，即每立方米 32.5 马克，包含所有附加费用。

四栋建筑

一栋独栋住宅和三栋双拼住宅。它们位于稀疏的松树林中，彼此相距 20 米，沿东西方向排列在平整的草地上，退居在一片开放的场地之后。每栋房子均在沿街区域建有车库和花园围墙。

建筑材料

建筑的基础使用夯实的混凝土。墙壁材料为用矿渣、砂砾和水泥制成的尤尔科石（Jurko-steine）中型板材，只需一人即可安装。门楣由钢筋混凝土建造而成。建筑的钢石楼板局部作为露台底板悬挑而出。所有的窗户均使用水晶镜面玻璃。每个住宅单元都配备连接中央供暖系统的分体式取暖器。不可上人的平屋顶覆盖压实的碎石，可上人的屋顶在压实的碎石上铺设人造石板。

独栋住宅

半地下的三室供公寓管理员（负责花园和供暖服务）居住，设有供暖间和

● 译者注：一种类似混凝土的建筑材料，以其发明者 Jurko 公司命名。它在常规混凝土配方中加入锅炉中材料燃烧剩下的炉渣，因此生产成本低廉。此外，炉渣形成的团状多孔结构还能降低重量，便于加工，也能提高保温隔热性能。

83

储藏室。一楼是居住区，包括一体式客餐厅、两间卧室、厨房、浴室。二楼仅设客房、女孩房间、配备电器的洗衣和熨烫间以及储藏室。所有房间的柜子和架子都是固定的，它们嵌入墙内，或者构成墙体，便于有条理地安排家务工作，避免造成空转和忙碌。屋顶的露台和花园已经与住宅融为一体。

双拼住宅

三栋双拼住宅有六间公寓，每间公寓细节一致，但效果却各有不同。通过复制来简化构造，就能降低成本、加快建造进度。双拼住宅中一间公寓的平面布局由另一间公寓从东向南旋转 90 度后进行镜像翻转产生，使用了完全相同的建筑元素，虽然是镜像关系，两个部分的外观却各不相同。工作室和居住空间之间设置了高差，这加强了层次感。工作室、楼梯间、厨房、食品储藏室和洗手间朝向北侧，避开直射阳光；起居室、餐厅、卧室和儿童房方位朝南向阳，带有花园、露台、阳台和屋顶花园。家务、居住和餐食空间位于一楼，睡眠和工作空间则位于二楼。

由包豪斯墙绘部门完成的彩色设计强调了公寓内部的空间组织，这也让同质化的空间产生了强烈的变化效果。

家具：包豪斯木作工坊（布劳耶）

照明设备：包豪斯金属工坊（莫霍利 - 纳吉）

→ 图 76　　　**包豪斯大师住宅**

七间单户公寓的区位总图
包含一栋不含工作室的独栋住宅和三栋双拼
住宅（每栋有两个工作室）

84

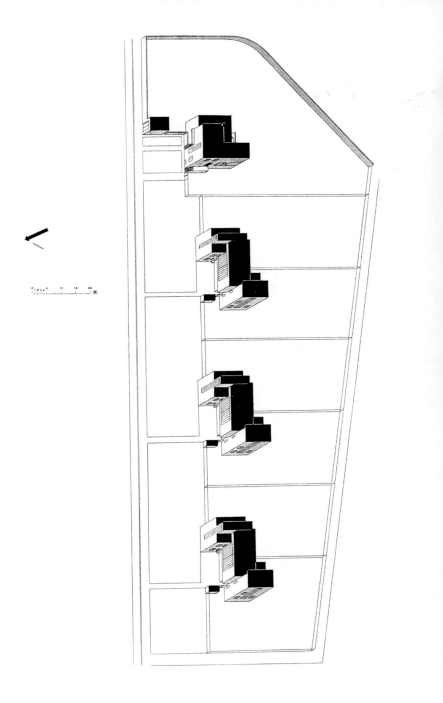

85

摄影：露西亚·莫霍利，柏林

图 77　　　包豪斯大师住宅

一栋双拼住宅的西北街景

草木植物交织生长在建筑物之间，产生若隐若现的视觉效果，
维持舒适的明暗对比，令布局灵活生动，让建筑更加平易近人，
又和其形成了尺度的对比，从而产生张力。

建筑的存在不仅仅是为了满足实用需求，因为人类对和谐的空
间、声音和秩序存在心理依赖，我们便会对空间产生生动的感受，
所以也有了更高的追求。

86

图 78　　　　包豪斯大师住宅

格罗皮乌斯独栋住宅花园东面

87

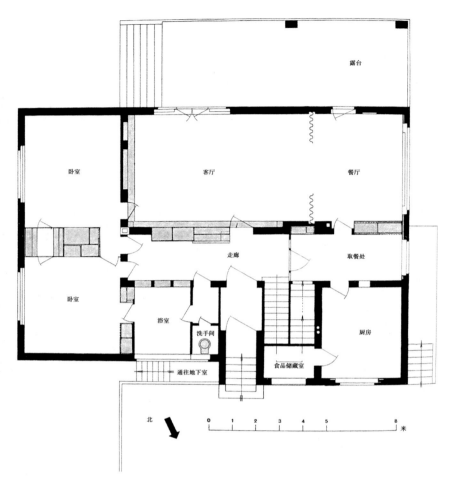

图 79　　　　包豪斯大师住宅

格罗皮乌斯独栋住宅首层平面图
半地下室（带供热房和花园）住着公寓管理员

88

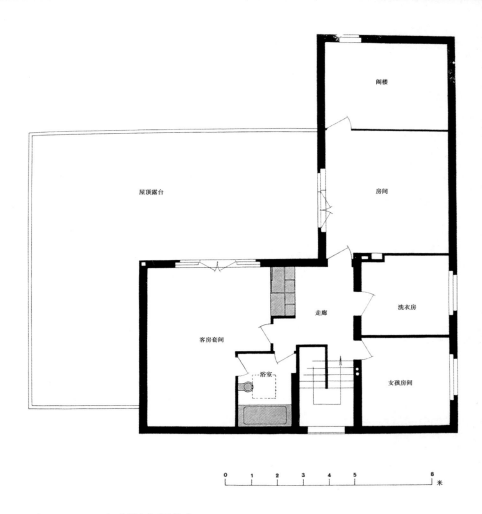

阁楼

屋顶露台

房间

走廊

洗衣房

客房套间

浴室

女孩房间

0　1　2　3　4　5　　　8
米

图 80　　**包豪斯大师住宅**

格罗皮乌斯独栋住宅二层平面图

89

↑ 图 81   **包豪斯大师住宅**
              格罗皮乌斯独栋住宅的北侧面街主入口

↗ 图 82   **包豪斯大师住宅**
              格罗皮乌斯独栋住宅的西面次入口

摄影：露西亚·莫霍利，柏林

摄影：伊泽·格罗皮乌斯（Ise Gropius），柏林

建造意味着塑造生活的方式。房屋是一个有机体，其结构由内部进行的活动所决定。在住宅中发生的居住、睡眠、洗澡、烹饪、进餐等行为，必然会塑造整个建筑的形态。在火车站、工厂、教堂等建筑中发生着不同的活动，从中分别产生了真正合适的形式。建筑的形态并非来自主观意愿，它只来源于建筑的本质，来自它应该实现的功能。

91

摄影：露西亚·莫霍利，柏林

图 83　　**包豪斯大师住宅**

格罗皮乌斯独栋住宅东北面，右侧为车库

图 84　　　包豪斯大师住宅

格罗皮乌斯独栋住宅的西面次入口

93

摄影：伊泽·格罗皮乌斯，柏林

图 85 **包豪斯大师住宅**
格罗皮乌斯独栋住宅南面，上下均有露台

94

图 86　　　**包豪斯大师住宅**

格罗皮乌斯独栋住宅东南面，视角朝向双拼住宅，
首层餐厅前是带屋顶的凉廊以及通往花园的楼梯；
二层是凉爽明亮的泳池，由橙色的布帘围合

95

摄影：露西亚·莫霍利，柏林

图 87　　**包豪斯大师住宅**

格罗皮乌斯独栋住宅主入口的门斗

96

洪堡特（Humboldt）电影，柏林

图 88　　　　　**包豪斯大师住宅**

格罗皮乌斯独栋住宅门厅的嵌入式衣帽柜

●译者注：在建筑物出入口设置的，具有分隔、挡风、御寒等
作用的过渡空间。

摄影：露西亚·莫霍利，柏林

图 89　　　包豪斯大师住宅

格罗皮乌斯独栋住宅的客餐一体厅
照明灯具：包豪斯金属工坊
色彩设计：布劳耶和包豪斯墙绘部门
家具：布劳耶

　　人类天生的身体尺寸、运动和机能是决定各种家具大小和高度
的依据。我们今天的生活与祖先的有所不同，其中的社会、家
庭关系发生了变化。现代女性进入职场，居住的流动性增加，
住房供应日益紧张——要应对这些变化，就亟须满足特定的要求。
人们没有时间出于不必要的感性去模仿以往的社会形态和生活
方式，因为如今情况已经大不相同。汽车和铁路时代需要的是
和我们祖父母家中不一样的家居环境。人们的生活不再围绕着
活动家具进行，尽管目前看起来还是这样。

98

图 90　　　**包豪斯大师住宅**
格罗皮乌斯独栋住宅中的餐厅，配备餐具柜和通往清洗区的传送门
遮阳帘：诗普林（Spring）卷帘
色彩设计：布劳耶和包豪斯墙绘部门
壁橱：格罗皮乌斯和布劳耶

日常生活的流畅、丰富的服务，并不是最终目的，只是充分实现个人自由和独立所必需的前提条件。所以，包豪斯在生活实践中建立的标准，并非对个体的新型奴役和机械训练，而是通过摆脱不必要的负担来解放生活，使其呈现出更加自由和饱满的状态。

摄影：爱克发（Agfa）集团，柏林

洪堡特电影，柏林

← 图 91　　**包豪斯大师住宅**
格罗皮乌斯独栋住宅中的餐厅，配备餐具柜
色彩设计：布劳耶和包豪斯墙绘部门
钢管家具：马塞尔·布劳耶
消解承重墙，将其转化为柱子，就可以充分
利用墙体空间，建造嵌入式壁橱

↑ 图 92　　**包豪斯大师住宅**
格罗皮乌斯独栋住宅中餐厅大窗使用的博斯
威克（Boswik）栅栏

摄影：斯通（Stone），柏林

图 93　　　包豪斯大师住宅

格罗皮乌斯独栋住宅客厅中的双人写字桌（马
塞尔·布劳耶）

102

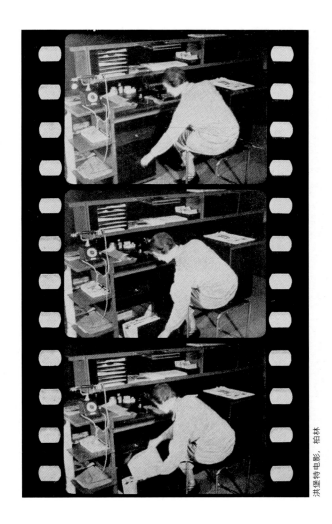

洪堡特电影，柏林

图 94　　　**包豪斯大师住宅**

格罗皮乌斯独栋住宅中双人写字桌的立式档
案抽屉

　　一目了然、井井有条的家庭档案帮助家庭主妇迅速
找到一切家务问题的解决办法。

103

摄影：露西亚·莫霍利，柏林

摄影：露西亚·莫霍利，柏林

← 图 95　　**包豪斯大师住宅**
格罗皮乌斯独栋住宅双人写字桌上的打字机
折叠灯（包豪斯金属工坊，布兰特）

↑ 图 96　　**包豪斯大师住宅**
展示图画、图案、照片的可替换图片盒
下方是独立住宅餐厅中的餐具柜，带有可开合的操作台

摄影：露西亚·莫霍利, 柏林

↑ **图 97**　　　**包豪斯大师住宅**

格罗皮乌斯独栋住宅客厅中的茶水角，配有
冷热上下水设施、电器插座

→ **图 98**　　　**包豪斯大师住宅**

格罗皮乌斯独栋住宅客厅中的缝纫柜以及图
书架（马塞尔·布劳耶）

107

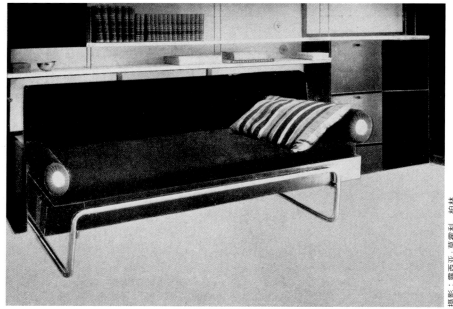

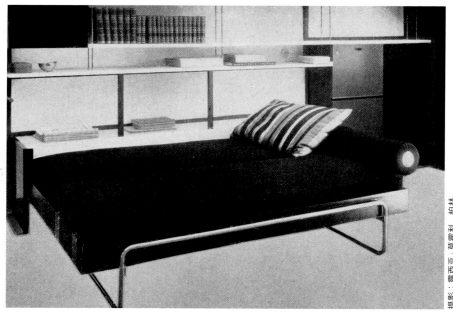

摄影：露西亚·莫霍利，柏林

108

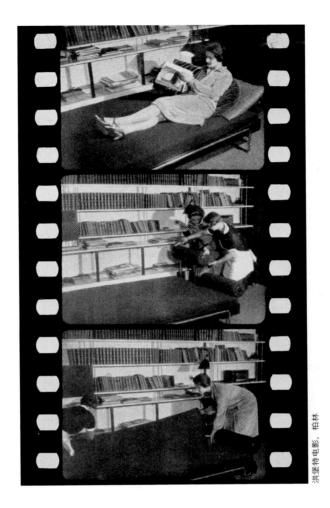

洪堡特电影，柏林

← 图 99—图 100　　**包豪斯大师住宅**
格罗皮乌斯独栋住宅客厅中的抽拉式双人沙
发（格罗皮乌斯和布劳耶）

↑ 图 101　　**包豪斯大师住宅**
格罗皮乌斯独栋住宅客厅中的抽拉式双人沙
发（格罗皮乌斯和布劳耶）

109

图 102　　**包豪斯大师住宅**

格罗皮乌斯独栋住宅客厅中的换气扇（运克
斯工厂）
风扇背后墙体中安装了一个与中央供暖系统
连接的取暖器，这样在冬天就可以将新鲜空
气进行加热再引入室内

许多今天看上去太过奢侈的设备，将来都会变成标配！

洪堡特电影，柏林

图 103 **包豪斯大师住宅**

格罗皮乌斯独栋住宅客厅中的换气扇（运克
斯工厂）

111

图 104　　包豪斯大师住宅

格罗皮乌斯独栋住宅餐厅中的阳台
画面右边朝西的窗户安装了一整片镜面玻璃，
用于遮风挡雨

洪堡特电影，柏林

图 105　　　**包豪斯大师住宅**

格罗皮乌斯独栋住宅上层屋顶露台

113

摄影：露西亚·莫霍利，柏林

图106　　　**包豪斯大师住宅**

格罗皮乌斯独栋住宅卧室
壁橱：格罗皮乌斯和布劳耶
色彩设计：布劳耶和包豪斯墙绘部门
两个房间相邻的整面墙壁由木制嵌入式壁柜
和壁龛组成

114

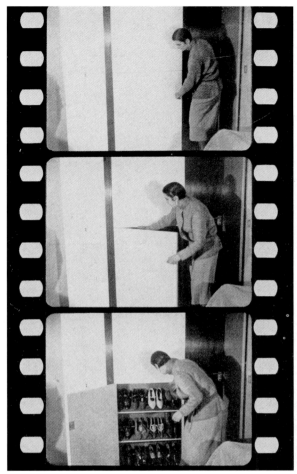

图 107 **包豪斯大师住宅**

格罗皮乌斯独栋住宅卧室中的鞋柜

115

摄影：露西亚·莫霍利，柏林

图 108　　　　**包豪斯大师住宅**

格罗皮乌斯独栋住宅卧室中的边桌

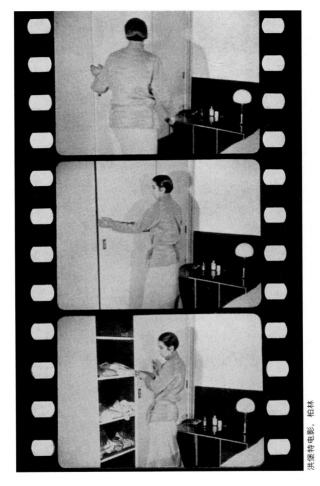

洪堡特电影，柏林

图 109   包豪斯大师住宅

格罗皮乌斯独栋住宅主卧中的嵌入式衣柜

117

118

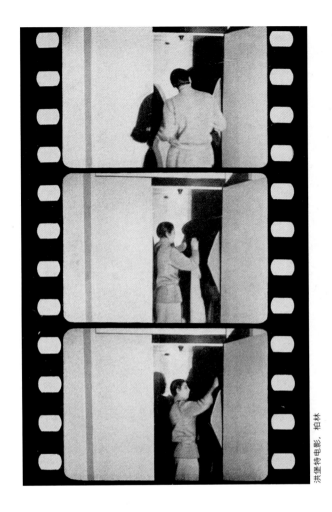

洪堡特电影，柏林

摄影：露西亚·莫霍利，柏林

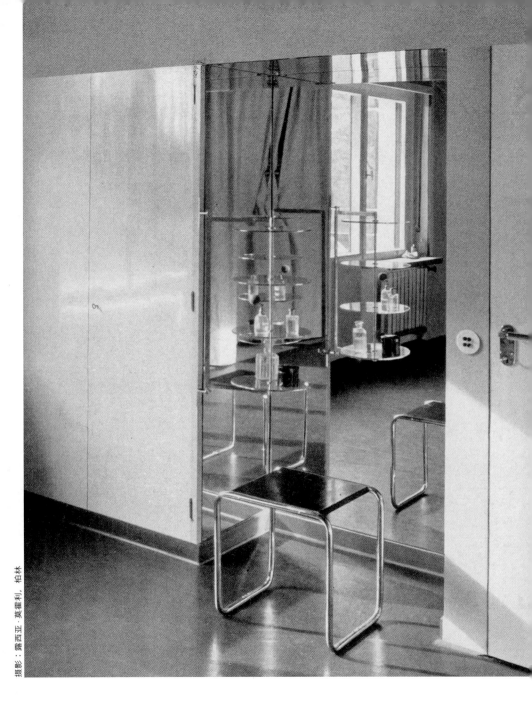

121

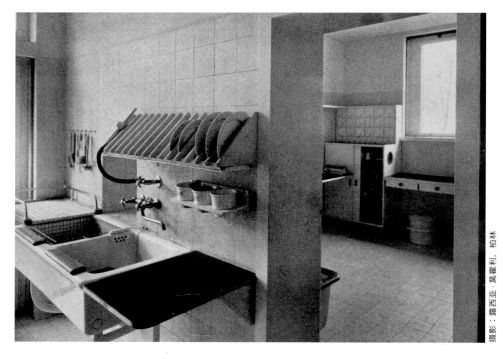

摄影：露西亚·莫霍利，柏林

图 114　　**包豪斯大师住宅**

格罗皮乌斯独栋住宅的清洗区，视线朝向厨房

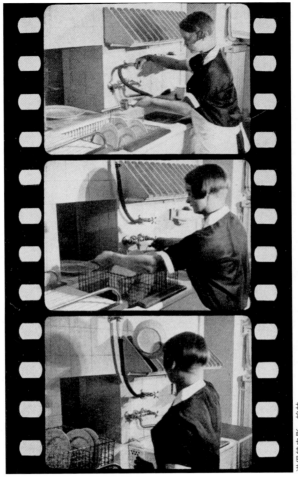

图 115　　**包豪斯大师住宅**

格罗皮乌斯独栋住宅清洗区
热水龙头（喷射式）、餐具篮、餐盘沥水架

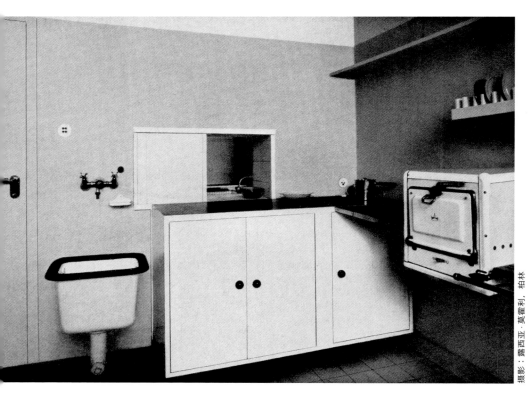

摄影：露西亚·莫霍利，柏林

图 116　　　**包豪斯大师住宅**

格罗皮乌斯独栋住宅的厨房，带有通往清洗
区的餐具传送门

厨柜：布劳耶

洪堡特电影，柏林

图 117　包豪斯大师住宅

餐厅和清洗区之间的嵌入式餐具柜，两侧开
门（格罗皮乌斯和布劳耶）

125

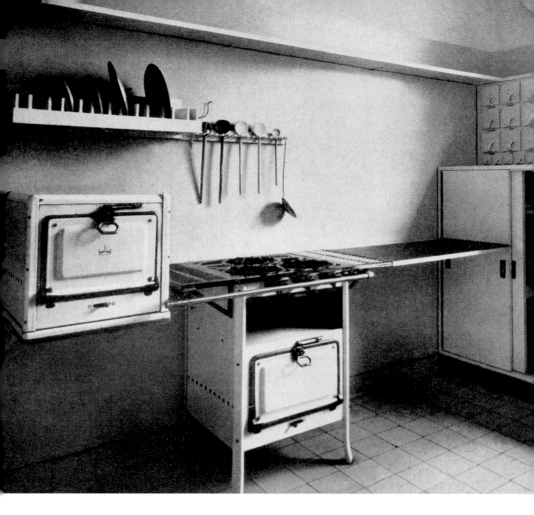

↑ 图 118 　　　**包豪斯大师住宅**
格罗皮乌斯独栋住宅的厨房
柜子（布劳耶）

↗ 图 119 　　　**包豪斯大师住宅**
格罗皮乌斯独栋住宅厨房中带镀锌架子
的沥水柜（布劳耶）

摄影：露西亚·莫霍利，柏林

洪堡特电影，柏林

摄影：露西亚·莫霍利，柏林

128

洪堡特电影，柏林

← 图 120　　　**包豪斯大师住宅**

格罗皮乌斯独栋住宅收纳熨烫板和熨斗的柜子
这张合成的照片同时展示了熨烫板外翻和内收的情况

↑ 图 121　　　**包豪斯大师住宅**

格罗皮乌斯独栋住宅楼梯间的三分式嵌入式衣柜
柜子通过墙体通风。茶巾、床单和内衣可分开存放

129

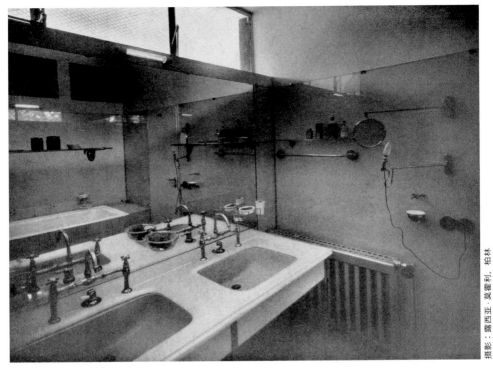

摄影：露西亚·莫霍利，柏林

↑ 图 122　　**包豪斯大师住宅**

格罗皮乌斯独栋住宅浴室
墙面覆盖水晶玻璃板

→ 图 123　　**包豪斯大师住宅**

格罗皮乌斯独栋住宅二楼洗衣房
无履带电机驱动的滚筒洗衣机和离心干燥机
滚筒洗衣机使用燃气加热

摄影：露西亚·莫霍利，柏林

↑ 图 124 　　**包豪斯大师住宅**

从独栋住宅屋顶望向双拼住宅东面
每层都有露台或向外突出的阳台，从所有的
房间都能走出去到达室外
阳台无需柱子支撑，由实心楼板悬挑形成

↗ 图 125 　　**包豪斯大师住宅**

双拼住宅东面

132

人们对空间的感受一直在变化。过去，随着文化发展，安土重迁的观念深入人心，这体现在牢固、均质的建筑外形和个性化的室内装修中。如今，建筑先驱们在作品中展示了一种不一样的空间观念：松散的建筑体块和空间反映着当今时代的变化和运动，去除封闭的墙壁，将室内空间融入周遭环境。

133

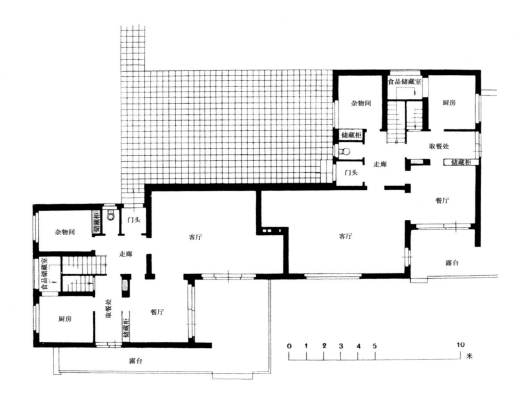

食品储藏室
杂物间
厨房
储藏柜
取餐处
走廊
储藏柜
门头
餐厅
门头
储藏柜
客厅
客厅
杂物间
走廊
露台
食品储藏室
取餐处
储藏柜
厨房
餐厅
露台

0 1 2 3 4 5   10
米

图 126   **包豪斯大师住宅**

双拼住宅首层平面图
双拼住宅中一个公寓的平面布局由另一个公寓从东向南旋转 90 度
后进行镜像翻转产生。这样就可以使用完全相同的建筑元素，产生
不同的外观和独立的视觉效果。

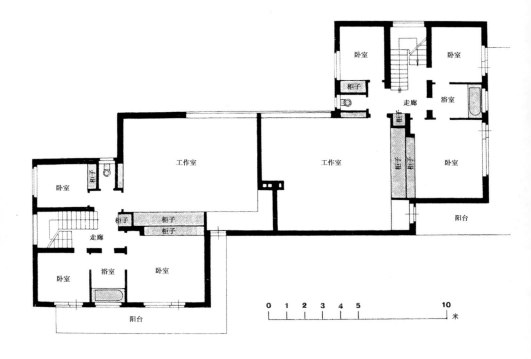

卧室　卧室

柜子　浴室

走廊

工作室　工作室　柜子

柜子　卧室

卧室　柜子

柜子　柜子

柜子

阳台

走廊

卧室　浴室　卧室

阳台

0　1　2　3　4　5　　　　　　10
米

图 127　　**包豪斯大师住宅**
双拼住宅二层平面图
左侧的住宅在第三层还有两个卧室

房间可以适度减小，以提高居住舒适度。随着家政人手紧缺问
题的日益加剧，在美国等地，人们已经被迫采取不同的生活方式，
这深刻影响了住房的布局设计。我们必须改善布局、提高技术，
以保护家庭主妇，使她们不至于因为家务劳动而精疲力尽，可
以为自身的智识发展和子女的教育积蓄力量。

摄影：露西亚·莫霍利，柏林

图 128　　包豪斯大师住宅

双拼住宅餐厅前的座位区

图 129　　　**包豪斯大师住宅**

双拼住宅的花园南面

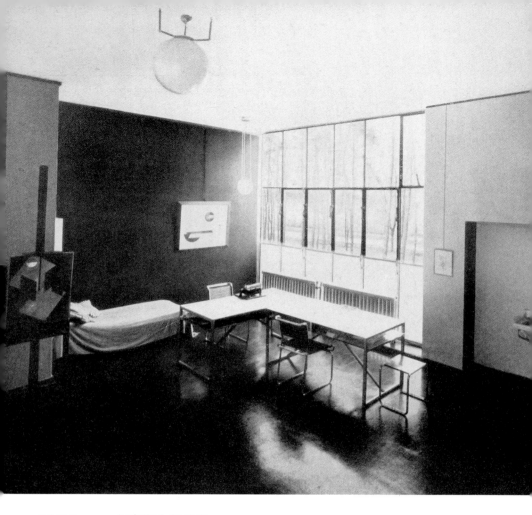

图 130   **包豪斯大师住宅**
双拼住宅的工作室（莫霍利 - 纳吉工作室）

每座住宅的色彩设计和家具布置都有所不同，所以尽管平面图
相同，但空间效果却迥异，以至于参观者难以发觉不同住所中
房间的相似性。

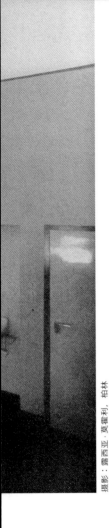

图 131　　**包豪斯大师住宅**

双拼住宅工作室的可翻转钢窗
护栏使用埃特尼特（Eternit）牌水泥纤维板

139

140

摄影：露西亚·莫霍利，柏林

↖ 图 132　　　**包豪斯大师住宅**
　　　　　　双拼住宅客厅
　　　　　　室内布置：穆赫

↑ 图 133　　　**包豪斯大师住宅**
　　　　　　从双拼住宅窗户看向外面

142

图 134　　包豪斯大师住宅

双拼住宅客厅
莫霍利 - 纳吉住宅
家具设计：布劳耶

在今天的忙碌生活中，家庭主妇面临的挑战远超以往，而且很少能够得到足够的帮助。但是，现在她的家不再淹没在无用的物品和琐碎的家具中，这些东西占据了她的空间，却只能带来一种过时的、陈旧的"舒适感"。她会迅速认识到新住所的种种优点。就像人们不愿穿着洛可可时代的衣服走在街上，而是选择了现代着装一样，我们也希望服装的外延——住宅，摆脱无意义的、占用空间的杂物和多余的装饰物。任性的风格令人厌倦，对风格的偏好已经从情绪化过渡到理性化，现在我们寻求的，是以清晰、节约、简单、符合现代生活方式的形式，营造出本真而生动的家居环境。

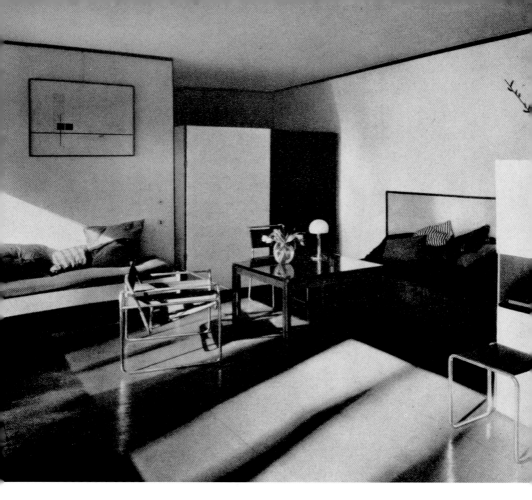

图 135　　　**包豪斯大师住宅**

双拼住宅客厅
莫霍利－纳吉住宅
家具设计：布劳耶

摄影：露西亚·莫霍利，柏林

即使在今天，仍然可以找到洛可可或文艺复兴风格的新装公寓，难以想象的是，如今人们受到误导，以为这是家居生活所追求的状态，是"最高雅"的范式。在这类观点影响下，人们产生了自相矛盾的愿望：因为职业需要，追求秩序、实用、效率和清晰度，又出于精神需求，讲究美感和舒适。然而同时满足以上二者的要求，似乎是一件不可能的事情。

新生代的建筑师已经彻底抛弃了这种观念，他们认为自己的主要任务是利用眼前的技术手段来满足所处时代的需求，而非拘泥于对祖先的拙劣模仿。

145

146

← 图 136 **包豪斯大师住宅**
双拼住宅餐厅中通往清洁区的餐具柜
色彩设计：莫霍利 - 纳吉和包豪斯墙绘部门
桌椅家具：布劳耶

↑ 图 137 **包豪斯大师住宅**
双拼住宅餐厅和清洁区之间被打开的餐具柜

147

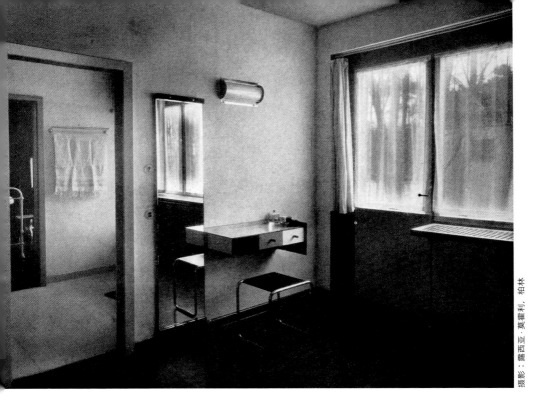

图 138　　**包豪斯大师住宅**

莫霍利 - 纳吉双拼住宅的卧室一角
家具设计：布劳耶

148

图 139　　　**包豪斯大师住宅**

双拼住宅卧室东面窗户

149

摄影：露西亚·莫霍利，柏林

图 140　　**包豪斯大师住宅**

双拼住宅二层浴室

150

图 141 **包豪斯大师住宅**

厨房里的食品柜，背后是食品储藏室，
可以从半地下室楼梯进入

建筑师：瓦尔特 · 格罗皮乌斯
建于 1926—1928 年

德绍市

在一块由安哈尔特州购买的地块上，通往莱比锡的主要街道边，托尔滕村（Törten）附近。

公共住宅区

根据我的设计和统筹已经建设完成。

该项目在 1926 年、1927 年和 1928 年三个建设阶段一共建造了 316 户公共住房，房屋采用独户联排住宅形式，每户拥有 4 到 5 个房间。

项目

目标是综合运用一切合理手段来降低租金。通过整合规划、预先筹备、细致交付和经济节约的构造方式，我们最终实现了降租的目标。

在设计交付之前，全部图纸都以 1∶20 的比例进行呈现，以确保所有的设施——燃气、水、电、暖气——从一开始就有明确的规格尺寸和管线布局。

每个批次建造的住宅数量如下：

1926 年	60 座房屋
1927 年	100 座房屋
1928 年	156 座房屋

在这个规模下，我们可以经济合理地使用大型设备，比如使用重量约 1.5 吨的吊车来移动建筑组件。

人们在对施工现场的调查中发现了丰富的建筑砂砾，因此，我决定自行设计建筑体系，利用已有的砂砾制造炉渣混凝土墙体单元，这样便只需要再将水泥和高炉渣运到工地，从而减少材料的数量和运输负担。

联排住宅的构造原则

承重防火墙采用炉渣混凝土空心墙体，尺寸为 22.5 厘米 x 25 厘米 x 50 厘米，规格统一，一人即可搬运。楼板跨越各个防火墙，使用混凝土快装梁进行铺设[*]，梁与梁之间没有填充材料，采用干式工法。立面墙体由隔热、不承重的炉渣混凝土空心砖填充而成，放置在独立承重的钢筋混凝土梁上，将负载直接传递给承重防火墙。

施工过程

根据事先制订的详细工地计划，进行建筑主体部分的建造，比如使用机器在工地上将建筑组件、墙体和混凝土梁以类似流水线的作业方式进行制造，从而将空余时间和衔接损耗控制在计划内。

在待建的联排房屋后面，有八台石料处理机用于制造炉渣空心砖，按件计价。两位工人的工作效率可以逐渐增加到日产 250 件。为八套房屋准备好的库存材料堆放完毕后，这些机器就被移至下组房屋，如此往复。

快装梁是在工地一端特设机器，以按件计费的方式使用高品质水泥进行制造的，钢筋则是在位于制造轴线延伸处的工作台上预制而成。从机器中生产出

●译者注：这是混凝土梁板系统的组成部分，该系统是将预制混凝土梁紧密放置在一起，拼合为楼板，为最早的预制楼板之一。现在这种设计已经很少再使用，更常见的是由梁和空心砌块等中间构件组成的梁板系统。

I54

来的湿润横梁被运送到干燥台上，而在台子的末端，已经干燥的横梁由货车运往吊车上，再由吊车捆绑成六根一组。

工地工作的基本原则就是将同一人员反复调配到处于同一施工阶段的各个建筑群，从而提高工作效率。为了确保主体建筑建造和装修各个阶段之间的衔接，我们制订了一份类似铁路运营计划的详细时间表，在工作开始之前，先借由理论预设进行编写，在施工结束之后，再根据实践反馈进行补充。借助这份时间表，人们可以清晰地了解各个工作流程之间的衔接关系，并且及时采取应对措施。

在这些工作方法和构造原则的指导下，我们遵守了以下建造工期：
在 1928 年的建设阶段，于 88 个工作日内完成了 130 座房屋的建造，包括所有建筑部件和砌块的制造，以及在现场对主体建筑内外进行的粉刷——也就是说，每个住宅单元耗时 0.67 天或者 5.5 个工时。

各个房间的布局

在平面图上看起来一目了然。因为这里是郊区定居点，每个占地 350 至 400 平方米的住宅单元只有来自厨房和屋顶的污水被引入排水管网，洗手间则采用泥炭马桶，利用粪便肥料来养护土地。

房屋配有中央供暖系统，第一期项目通过热风供暖，第二期和第三期则采用热水集中供暖。烹饪灶具为煤炭火炉，此外还有与气源连通的燃气灶。所有房屋均设置浴室，第一期建筑使用运克斯供暖公司的气源，第二期和第三期建筑则配备了锅炉系统。

卧室被设计为可以容纳两张普通床铺的大小。

所有的门都是平滑的胶合板材质，配有曼施德特（Mannstaedt）牌拉制钢框。窗户采用二次折弯的型材边框，厨房和卧室内的部分窗户使用镀锌钢板材料，内置通风翻转窗。

在平屋顶上放置软木垫层，或者干铺模块化混凝土板，起到保温隔热的作用。

基于以上创新经验

在第一期工程结束后，出于实验目的，国家建筑和住房经济研究协会批准了贷款利率为 2% 的 350 800 马克的款项，其中每 256 个住房单元分 1 000 马克资金。此外，还有 44 800 马克用于建筑技术试验，50 000 马克贷款用于购买新机器和设备以改善建造体系。作为回报，建筑业主必须根据国家建筑和住房经济研究协会的要求，对最后两期建设的技术和管理成果进行评估，评估结果的第一部分已经出版。•

由国家建筑和住房经济研究协会提供资金，可以系统地测试建造体系和新型轻质混凝土复合材料的实际可行性。国家建筑和住房经济研究协会即将发布更多官方评估结果。

建筑业正在向着工业化和规范化的必然趋势迈出关键性的一步，托尔滕住宅区作为其代表受到了猛烈抨击。即便如此，这里所实践的一些基本思想已经

分期	居住面积 （平方米）	空间体积 （立方米）	包含管理费用 的建造净支出 （马克）	街道、管线 连接和基地 相关处理费用 （马克）
1926	74.23 （五室户型）	337.62	8 734.90	1 342.10
1927	70.56 （五室户型）	315.34	9 043.30	1 456.70
1928	57.05 （四室户型）	286.13	8 043.30	1 456.70

位于托尔滕住宅区中心的四层楼高

●作者注：国家建筑和住房经济研究协会《关于德绍实验住宅区的报告》特刊卷七，博伊特（Beuth）出版社，柏林，1929。

156

获得了广泛的认可，因为它们正顺应着时代的发展。该住宅区的数据已经汇总在下表中。

总造价 / 售卖价格（马克）	每平方米居住面积造价（马克）	每立方米造价（建造净支出）（马克）	每平方米居住面积所占体积（立方米）	每月还款额度（马克）
10 100	136.10	25.87	4.53	27.13
10 500	148.80	28.68	4.47	37.42
9 500	166.52	28.11	5.00	32.91

消费合作社大楼

根据我的设计于 1928 年由托尔滕和周边地区的消费合作社建造。它包括 4 480 立方米建筑空间，花费了 111 676 马克，也就是每立方米 24.9 马克，包含所有附加费用。除了一楼的商店外，还有三层带厨房的三室公寓。

建筑行业一直以来的手工特性正逐渐向工业化方向转变。像工厂这样的固定工业生产空间也在慢慢取代在建筑工地现场作业的移动工坊。建筑工程原本易受季节影响，这对雇主、雇员以及整个国民经济都带来了不利影响，而现在项目正在进入可以持续运转的状态。

顺应这一发展趋势，采用新材料、新构造和新管理手段的新兴建筑工法终于开始切入实际，逐渐因为经济实惠的优势取代传统的手工砖砌方法。由于建筑领域涉及范围甚广，为了以新的思路实现有效的生产，需要经历艰难的筹备过程。

逐步将日用品的手工生产方式转变为工业生产方式，只是参与建筑这一复杂支柱产业的第一步。产业改革对整个经济生活的影响如此之大，以至于我们必须慎重地把握节奏，以免过快的转变危及现有的经济体，特别是手工业。

图 142　　　德绍 - 托尔滕住宅区

1926 年第一期项目鸟瞰

航拍：运克斯，德绍

159

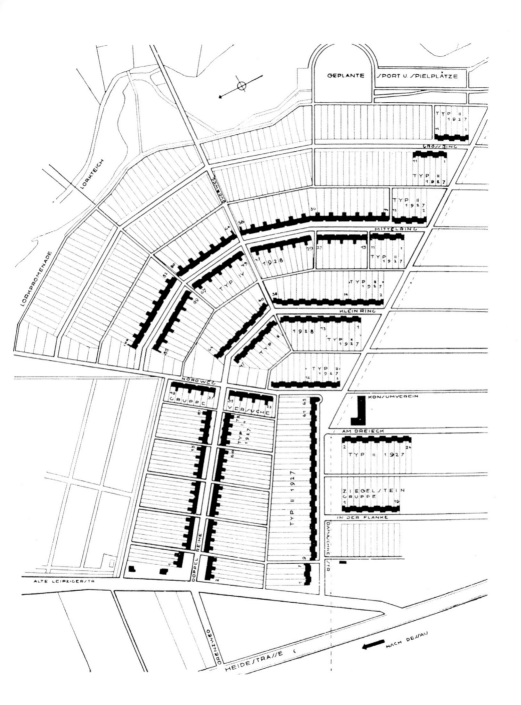

GEPLANTE SPORT U. SPIELPLÄTZE

TYP II 1927

GROSSRING

TYP II 1927

TYP II 1927 2

MITTELRING

TYP II 1927

1928

TYP IV

TYP III 1927 2

KLEINRING

1918

TYP III 1927

TYP III 1927

NORDWEG

GRUPPE

VERSUCHE

TYP III 1927

KONSUMVEREIN

AM DREIECK

TYP II 1927 24

ZIEGELSTEIN GRUPPE

IN DER FLANKE

TYP II 1927

DOPPEL REIHE

DANNENWEG

LORKTEICH

LORKPROMENADE

ALTE LEIPZIGERSTR.

GRENZWEG

HEIDESTRASSE

NACH DESSAU

160

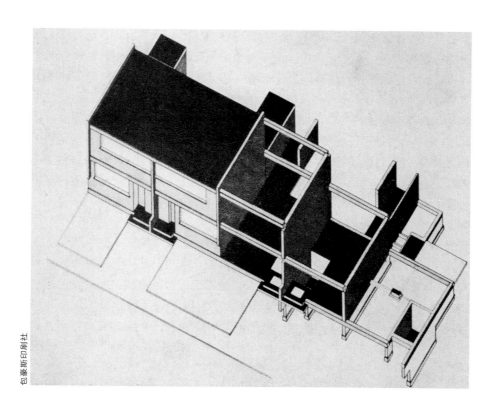

← 图 143　　　　德绍 – 托尔滕住宅区

整体规划：1926 年（60 户）、
1927 年（100 户）、1928 年（156 户）

↑ 图 144　　　　德绍 – 托尔滕住宅区

1926 年的构造示意图

承重防火墙采用炉渣混凝土中空墙体。楼板跨越各个防火墙，由混凝土快装梁通过干式工法铺设而成。立面墙体由隔热、不承重的炉渣混凝土空心砖填充而成，被放置在独立承重的钢筋混凝土梁上，将负载直接传递给承重防火墙。

当我们讨论最低的居住需求时，我们讨论的是空间、空气、光照、温度等人类必需的基本元素，有赖于此，人类获得庇护，可以全面而顺利地发展生命机能，因此，这是一种"生存的最低标准"，而非"永恒法则"。最低标准本身根据城市和乡村、景观和气候等地域条件而变化，相同大小的居住空间在狭窄的大都市街道和松散的城郊住宅区有着截然不同的意义。德里加尔斯基（Drigalski）、保罗·福格勒（Paul Vogler）和其他卫生学家指出，从生物学角度来看，若以最佳的通风和日照条件为前提，人类只需要一小部分居住空间，尤其是当这些空间经过合理的设计时。一位著名建筑师以精心布置的旅行箱和普通木箱作比较，生动地展示了现代小型公寓相对老公寓的优越性。

在土地价格正常时，相比于更大的空间，更好的灯光、阳光、空气和温度条件或许可以带来更高的文化效益，并且更加经济实惠，我们要做的是：扩大窗户的面积，缩小房间的面积，这样可以提高房间内的温度，居住者也能节约身体能量，减少食物摄入。就像过去为了保证营养而过分增加饮食一样，今天也有许多人错误地认为，住房问题的解决之道在于更大的空间和更大的房子。

在未来的社会中，独居将会是一种越来越鲜明的生活态度，个人想要暂时远离公众而生活实属正常，这在未来也必将成为理想生活的基本态度：每个成年人都有自己的房间，即使是小小的房间！从这些基本前提得出的居住底线，

●作者注：保罗·福格勒博士，柏林。

162

将是保证实用性和体验感的最低物质条件：标准住房。

这种住宅类型不是文化发展的阻碍，而是基础之一。它是浓缩的精华，住宅从此告别独立定制，融入面向大众的基本款设计。回顾历史，那些由于归类和规训而令个体遭受抹灭的故事已经消逝。如今我们习惯于通过划分"类型"来维护社会秩序，而不断重复的同类形式也能够产生协调和安抚的作用。

今天，如果一个人要购买汽车，不会考虑去"定制"一辆。显然，只有在大量标准零件的基础上批量生产的同类产品，才能成为比较令人满意的工具。所以就很难理解，为什么住宅不能根据相同的理性原则进行生产，尤其是在这一方法已经帮助过许多其他领域降本增效的情况下！住宅是典型的集群结构，是街道、城市等更大单元的一部分。住宅单元应该在整个城市肌理中呈现出统一的面貌，而在不同的规模下又能产生必要的多元性。无论是在国内还是国外，那些最美的古老城市景观都是明证：不断重复的特色建筑可以让城市的面貌变得更加美丽，更为鲜明。所谓标准，始终是不同个体在提出客观方案后最终协商而成的共识，它是时间的结论。在各个门类的自然竞争下，民族和个人的特性才得以凸显。统一对建筑元素进行设计，其结果将会很有意义，它会让新建的住宅和城市再次呈现出共同的特征。

这种类型不仅是当今时代的发明，而且一直都是文化繁荣的标志。将我们需要的建筑和日常物品限制在少数种类中，就能提高生产的质量，降低价格，也就必然会提高社会的总体水平。

163

图 145　　　德绍 - 托尔滕住宅区

从消费合作社大楼屋顶往东，看向住宅区

165

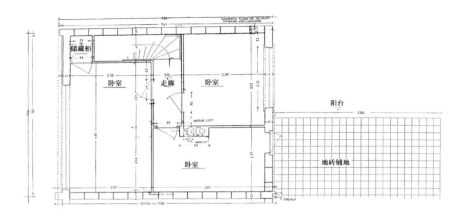

图 146   德绍 - 托尔滕住宅区

1926 年住宅类型的上层平面图
包豪斯印刷社

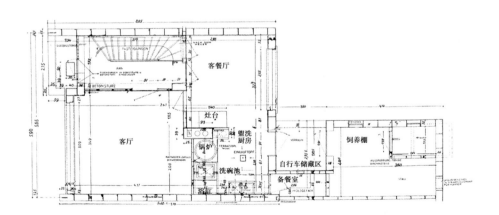

图 147   德绍 - 托尔滕住宅区

1926 年住宅类型的首层平面图
包豪斯印刷社

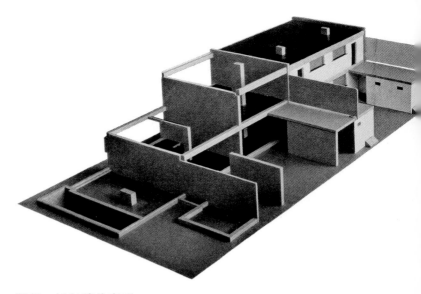

图 148　　**德绍 - 托尔滕住宅区**

1926 年建筑构造示意模型

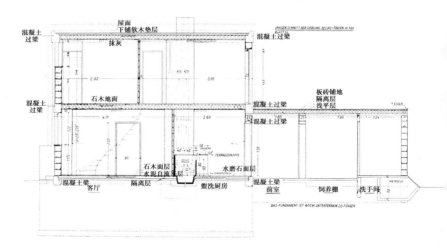

图 149　　**德绍 - 托尔滕住宅区**

1926 年住宅类型的剖面图
图中画出了组成楼板的快装梁

167

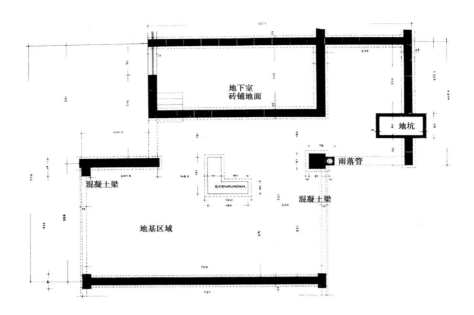

地下室
砖铺地面

地坑

雨落管

混凝土梁

EISENFUNDAM.

混凝土梁

地基区域

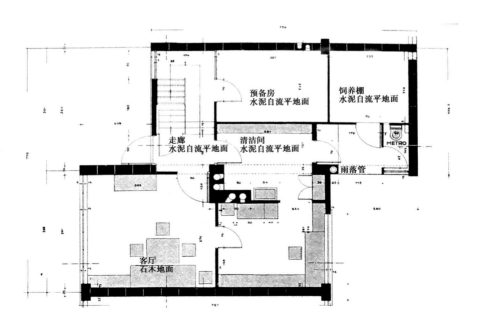

预备房
水泥自流平地面

饲养棚
水泥自流平地面

走廊
水泥自流平地面

清洁间
水泥自流平地面

METRO

雨落管

客厅
石木地面

168

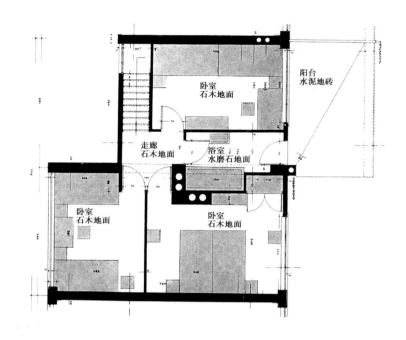

阳台
水泥地砖

卧室
石木地面

走廊
石木地面

浴室
水磨石地面

卧室
石木地面

卧室
石木地面

↖ 图 150　　　德绍 - 托尔滕住宅区

　　　　　　　1927 年住宅类型的地下室和房屋基础平面图

← 图 151　　　德绍 - 托尔滕住宅区

　　　　　　　1927 年住宅类型的首层平面图

↑ 图 152　　　德绍 - 托尔滕住宅区

　　　　　　　1927 年住宅类型的上层平面图

169

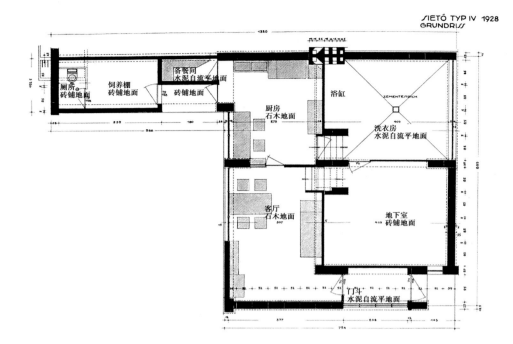

厕所
砖铺地面

饲养棚
砖铺地面

备餐间
水泥自流平地面

砖铺地面

厨房
石木地面

浴缸

ZEMENTESTRICH

洗衣房
水泥自流平地面

客厅
石木地面

地下室
砖铺地面

门斗
水泥自流平地面

图 153   德绍 – 托尔滕住宅区

1928 年住宅类型的地下室和房屋基础平面图

毫无疑问，相比过去房屋面积更大的不合理布局，布置完善的
小户型房屋可以为住户带来更好的居住体验。

170

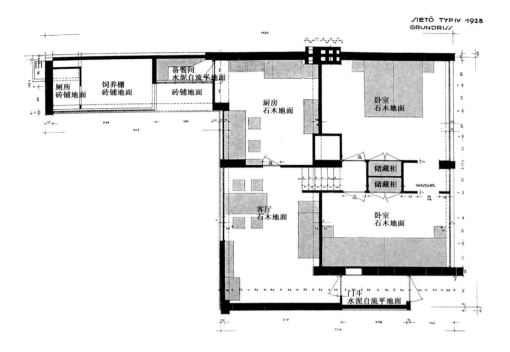

图 154　　德绍 - 托尔滕住宅区

1928 年住宅类型的首层和上层平面图

171

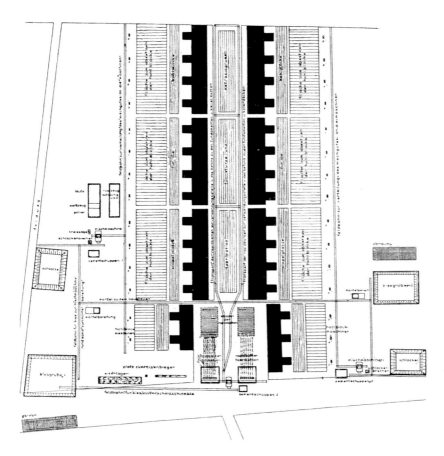

图 155   德绍－托尔滕住宅区

1926 年对工地设施的理性规划

经济活动最原始的本质是用较少的金钱、劳动和材料，凭借不断增强的组织能力来满足需求，这就是所谓的经济性。在以上动机的驱动下，产生了机器、分工和合理规划的概念。这些概念对我们的经济活动而言不可或缺，对建筑业和人类涉足的其他领域具有相同的启示作用。

172

图156   德绍 – 托尔滕住宅区

1926 年井井有条的建筑工地
根据图 155 布置

规模大是建筑工地实现合理规划的主要前提。随着规模的扩大，
我们有机会使用更多专门训练过的人员，并且将管理、监督和
机器的总成本进行分摊，让大型建筑项目比小型项目更加便宜。

173

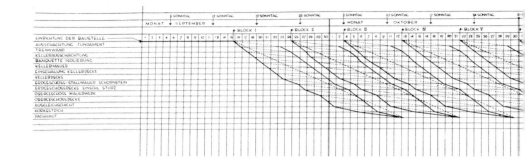

↑ 图 157　　**德绍 - 托尔滕住宅区**
1926 年主体建筑建造时间表

→ 图 158　　**德绍 - 托尔滕住宅区**
使用可旋转的塔吊吊装快装梁和钢筋混凝土梁（1927 年）

在整个建筑领域进行合理规划并按计划建设，将节省一笔巨大的开支，腾出足够的资金解决住房短缺问题。

机械化的最终目的只有一个，那就是减轻人类个体为了谋生而从事体力劳动的负担，从而让心灵和双手获得追求更高成就的自由。如果为机械化而机械化，那么最重要的事物——完整生动的人性就会退化，原本不可分割的个体将变得残缺。这就是传统手工制造文化与新兴机械制造文化之间斗争的根源。在新的时代，必然要从手工业和机械工业之中发展出一个全新的有机整体。

174

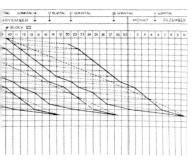

摄影：格罗皮乌斯建筑工作室

175

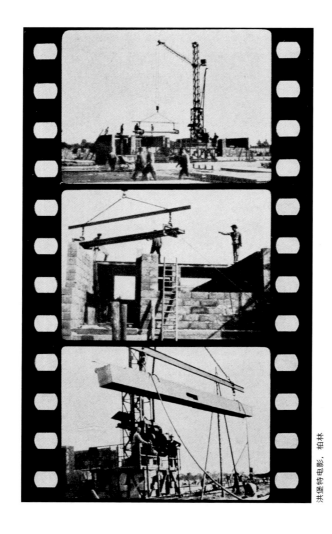

洪堡特电影，柏林

图 159　　　**德绍 - 托尔滕住宅区**

可旋转塔吊正在吊装 5~6 块快装梁（上 / 中），
有时则是钢筋混凝土梁（下）

洪堡特电影，柏林

图 160   **德绍 – 托尔滕住宅区**

可旋转塔吊正在吊装一根钢筋混凝土承重梁

177

摄影：格罗皮乌斯建筑工作室

摄影：韦德肯德，德绍

图 161　　　**德绍 - 托尔滕住宅区**

可旋转塔吊正在吊装首层上方的梁，1928 年

178

图 162 　　　 德绍 - 托尔滕住宅区

1927 年住宅类型的建造体系，即将填充墙体（街景）

建筑技术的主要创新之处在于将建筑物墙壁的功能进行消解。
也就是说，我们不再像以前建造砖房一样，把墙壁作为房屋的
承重结构，而是仅仅用钢材或混凝土材料制成的支撑骨架来承
担整座建筑的重量。使用钢和混凝土这样的优质材料，也能减
少承重结构的重量。介于承重柱之间的墙壁只是用来降低冷热
天气的影响以及声音的干扰，为了最大限度地减轻重量，减少
运输负担，人们使用轻质混凝土砌块等更轻薄、更优质的材料
建造这些仅用于区隔空间的非承重墙体。

179

摄影：格罗皮乌斯建筑工作室

图 163   德绍 - 托尔滕住宅区

1927 年住宅类型的建造体系，即将填充墙体（右侧
花园立面）

随着现代工业建材的出现及其性能、精度的提高，建造方法也
将向经济节约的工业生产方法靠拢，也就是说，人们将朝着把
建筑分解为组件的目标前进。这些组件不再在建筑工地上，而
是在固定的工厂车间中使用机械进行批量生产，因此，如今
我们可以根据需要，将组件以灵活的方式在现场进行干法安装，
从而摆脱季节和天气的限制。

180

图 164　　　　德绍 - 托尔滕住宅区

填充墙内部使用矿渣混凝土砖砌筑，外部则是保温的模块化混凝土砖。

同时，为了安装楼梯间的玻璃，调整了方形混凝土框架的位置。

建造年份为 1927—1928 年。

181

摄影：格罗皮乌斯建筑工作室

图 165　　　**德绍 - 托尔滕住宅区**

在粉刷之前，安装沉甸甸的水磨石窗台，1928 年

图 166　　　　**德绍 - 托尔滕住宅区**

在砌筑填充墙体之前，悬挂安装钢窗和钢制门框

摄影：格罗皮乌斯建筑工作室

图 167   德绍 - 托尔滕住宅区

联排房屋背面的阳台和花园，1927 年

毫无疑问，如果不考虑经济负担，无论对哪个阶层的居民来说，昂贵且维护难度高的花园住宅都有利于家庭生活，尤其有益于孩子的成长。因此，在存在刚需的地方，我们应该有计划地促进这种形式的住房建设，即使其带来的经济负担更甚于大型住宅。不过，如今改善型大型住宅在城市中仍然有其价值。

图 168　　　德绍 – 托尔滕住宅区

联排房屋背面的阳台和工作区域，1926 年

↑ 图 169　　**德绍 - 托尔滕住宅区**

客厅，批量生产的优质家具，1926 年
椅子设计：布劳耶

→ 图 170　　**德绍 - 托尔滕住宅区**

房屋入口
钢框入户门，填充玻璃砖

187

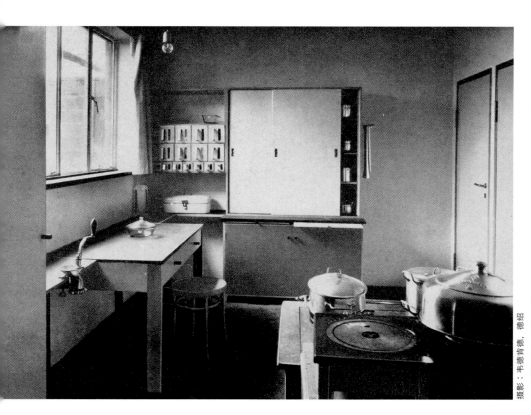

摄影：韦德肯德，德绍

图 171   德绍 - 托尔滕住宅区

配套完整的厨房，1926 年

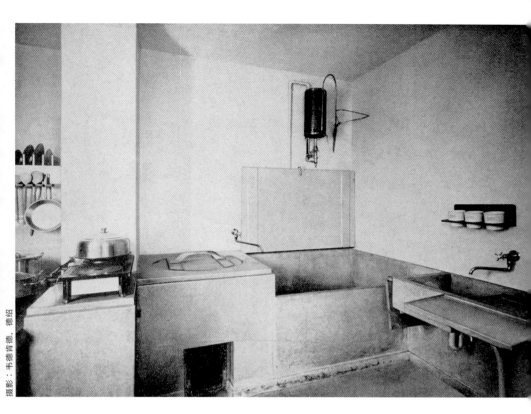

图 172　　　德绍 - 托尔滕住宅区

配套完整的厨房清洗区，1926 年

洗衣槽和浴缸由白色水磨石制成，二者共用可旋转水龙头，浴缸上有翻盖式工作台面，使用运克斯热水器。

摄影：穆舍（Musche）

摄影：穆舍

图 173 　　　德绍 - 托尔滕住宅区

1927 年住宅类型

图 174　　　德绍 – 托尔滕住宅区

1927 年住宅类型

摄影：格罗皮乌斯建筑工作室

图 175　　　德绍 - 托尔滕住宅区

1927 年住宅类型改良版，建于 1928 年

192

摄影：穆舍

图 176 **德绍 - 托尔滕住宅区**
1927 年住宅类型

193

摄影：格罗皮乌斯建筑工作室

图 177　　　　**德绍 – 托尔滕住宅区**
　　　　　　　　1927 年住宅类型（花园一侧）

传统的正确含义不是任意妄为和特立独行，而是共同的标准，这一标准可以满足大众需求，具有最高的内涵和质量。只有运用新兴的、强大的技术手段，才能创造丰富的内容；只有经过大规模的复制，投入才能获得回报。品类的开发需要最大限度、最激进的努力，若要不断坚持，并获得证明，就要解决产品的缺点以及制造问题，最终考虑更加长远的未来，唯有这样，才能精益求精，建立标准，塑造传统。

194

摄影：格罗皮乌斯建筑工作室

图 178　　德绍 - 托尔滕住宅区

1928 年住宅类型（花园一侧），带有脚手架和鸡圈

住房的面貌有多么混乱，就说明人们对于现代人居需求的想象有多么模糊。大多数文明国家的公民都有类似的居住和生活需求，因此，人居环境是一种大众需求。今天 90% 的人不再想要定制鞋子，而是购买现成产品，因为这些产品以精密的方法进行制造，满足了大多数个体的需求，以此类推，未来每个人也将能够订购适合自己的住房。对整个建筑业进行彻底的工业化改革，是解决问题的必经之路，这就需要同时从经济结构、技术和设计三个不同的方面入手，三个领域彼此之间相互依赖，只有共同发力，才能取得成功。

195

摄影：格罗皮乌斯建筑工作室

图 179   德绍 - 托尔滕住宅区

1928 年住宅类型

196

图 180　德绍 - 托尔滕住宅区
1928 年住宅类型（入口一侧）

设施齐全的住宅将很快成为工业化生产的主要产品。然而，要实现这个综合性目标，需要国家和地方政府、专业人士以及消费者下定决心，共同行动。大型建筑企业、国家、地方政府和大型工业企业都有责任为房屋生产前期的必要试验阶段提供资金支持：我们迫切需要公共的试验场所和物资。

就像工业界对每一种产品都不厌其烦地进行无数次的试验和系统性的前期准备一样，在建筑界，商人、工程师和艺术家也应不断参与其中，直到找到合适的"类型"。至于标准化构件的生产，则需要经济、工业和艺术力量的通力合作，进行系统性的试验工作。

197

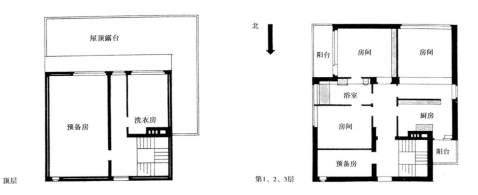

屋顶露台

预备房 洗衣房

顶层

北

阳台 房间 房间

浴室

厨房

房间

阳台

预备房

第1、2、3层

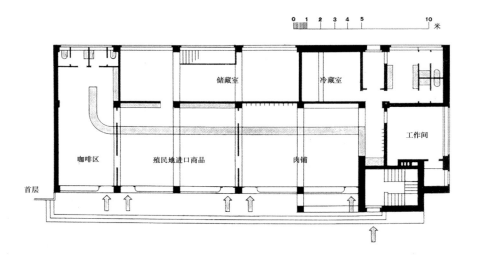

0 1 2 3 4 5   10
米

储藏室   冷藏室

工作间

咖啡区   殖民地进口商品   肉铺

首层

198

← 图 181—图 183　　　　德绍 - 托尔滕住宅区

德绍消费合作社大楼的首层和上层平面图，
包括周围环境
单层建筑内包括：
肉店、殖民地进口商品和咖啡区
多层建筑内包括：
三座单层公寓（带浴室和厨房的三室户型）

↑ 图 184　　　　德绍 - 托尔滕住宅区

德绍消费合作社大楼南面及其周围环境

199

图 185　　德绍 - 托尔滕住宅区
德绍消费合作社大楼东北面及其周围环境

合理规划（Rationalisierung）的思想诞生于世俗的经济活动中，发展为文明世界的一场伟大的精神运动。它激发了一种新的创造力，促使人们的生活态度发生改变。

这个理念的深刻之处在于，它将个人的经济行为与社会的整体福祉联系起来，超越了个人或企业经济利润的概念。而"理性"（Ratio-vernunft）则是合理规划思想的延伸，它影响了人类的社会生活，也将成为现代建筑观念的基础。因为人类的居所

图 186　　　　德绍 - 托尔滕住宅区
住宅区中心，可以看到德绍消费合作社大楼
东面及其周围环境

是生活的栖息地，是街道、城市等更大社会组织的单元，是一个复杂的元素。只有更高层次的理性，才能将意义丰富的住宅塑造为一个统一的整体。

有一种错误的意识，认为我们对建筑进行合理规划，对现有的建造方式进行改进，只是出于经济原因，而不是为了改善社会关系。合理规划不是僵化的秩序！我们绝不能以牺牲创造性为代价追求理性！

201

建于 1928—1929 年

建筑师: 瓦尔特　·　格罗皮乌斯

工业推动了商品的理性生产，也导致劳动力市场不断出现失业问题。为了加速劳动力的供需流动，国家在战后承担了：

劳务招聘工作

临时用于招聘的房子很快就显示出了不足之处，我们必须为这类建筑进行全新的设计。德绍市为此发起了倡议，并于 1927 年为德绍建造了一座：

职业介绍所

政府举办了一场小型竞赛。我的设计有幸中选成为执行方案，项目于 1928 年 5 月动工，在 1929 年 6 月竣工。

任务

核心是找到一种满足此类新型建筑要求的平面类型（图 188），也就是说，要应对不同职业领域的大量求职者，同时尽量减少公务人员的数量。面对这一需求，我最终采用半圆形的平面布局，将大型等候区域按照职业类别进行划分，尽量安置在圆形外围，独立咨询室则位于其后，靠近内侧。这一解决方案还有另外一个优势，那就是可以通过灵活移动内环的分隔栏来满足男性和女性咨询区域的不同空间需求。半圆形的设计导致内部房间的采光问题需要通过同心放射状的环状双坡屋顶来解决。建筑同时使用机械通风系统，因此双坡屋顶的采光天窗基本上只需要引入光线（图 194）。

半圆形单层建筑旁边是一般不对公众开放的两层行政楼。

施工

单层建筑采用了钢架结构，外部砖墙墙面通铺浅黄色的饰面砖，行政楼的平屋顶覆盖着砾石面层，其下铺设软木垫层。所有窗户都采用型钢边框。公共区域的墙壁覆盖着釉面饰面砖。内部区域和行政办公室采用原色石木自流平水泥地板（Steinholzestrich）$^{\bullet}$，等候区则采用铜条镶嵌的水磨石地板。包豪斯木作工坊提供了家具，包豪斯金属工坊制造了照明灯具，而包豪斯墙绘部门则负责了所有房间的色彩设计。该建筑涵盖 1 555 平方米的建筑面积，7 461 立方米的空间，包括所有附加费用的造价共计 297 950 马克，也就是每立方米空间 39.9 马克。

●译者注：一种地板面层材料，由所谓的索雷尔水泥和骨料（木粉、木屑、软木碎片或纸屑）混合而成。索雷尔水泥以其发现者法国物理学家斯坦尼斯拉斯·索雷尔（Stanislas Sorel）的名字命名，是氧化镁和氯化镁溶液的混合物，易于着色。而流动性较好的水泥砂浆在重力的影响下会自然形成平整光滑的面层。石木地板脚感温暖，密闭光滑、易于打理，而且具有抗压、防滑、阻燃、耐油脂等性能，但对湿气敏感，不耐酸、碱。

摄影：莱斯，德绍

204

图 187

德绍职介所

建筑西北面，设置在外围的入口向不同的
求职人群开放
双坡斜屋面上的清爽天窗玻璃

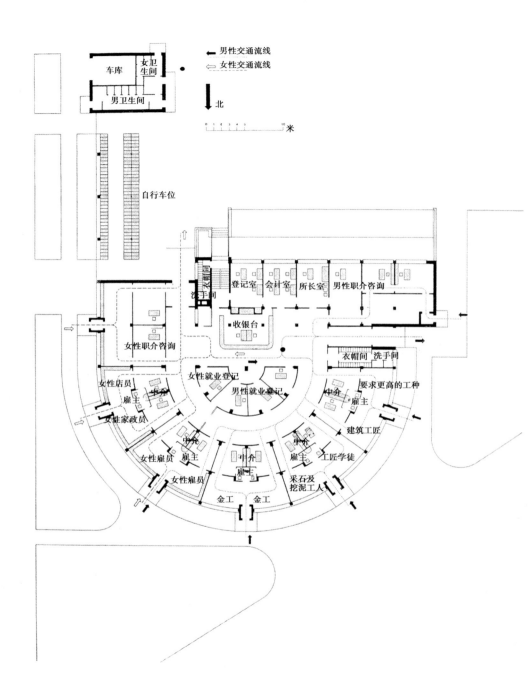

男性交通流线
女性交通流线

北

米

车库
女卫生间
男卫生间

自行车位

洗手间
衣帽间
登记室
会计室
所长室
男性职介咨询

女性职介咨询

收银台

衣帽间　洗手间

女性就业登记
男性就业登记

女性店员
中介
雇主
女性家政员

中介
雇主
要求更高的工种

女性雇员
中介
雇主

中介
雇主

建筑工匠

工匠学徒

女性雇员
中介
雇主

采石及
挖泥工人

金工
金工

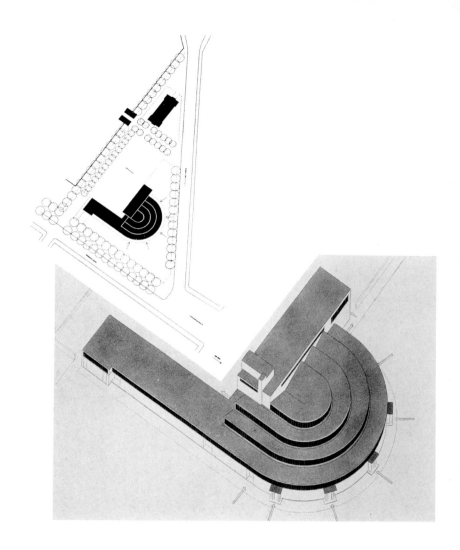

← 图 188　　　**德绍职介所**

首层平面图
将建筑的主要部分放置在平整的地面上,
避免设置楼梯发生拥堵

↑ 图 189　　　**德绍职介所**

区位总图

207

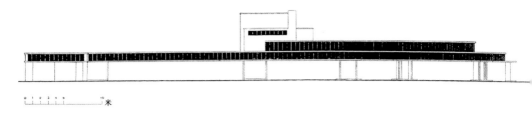

图 190　　**德绍职介所**
东立面图

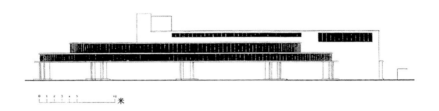

图 191　　**德绍职介所**
北立面图

208

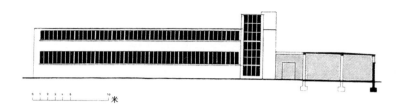

图 192　　　**德绍职介所**
南立面图

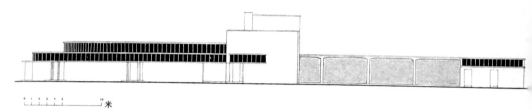

图 193　　　**德绍职介所**
西立面图

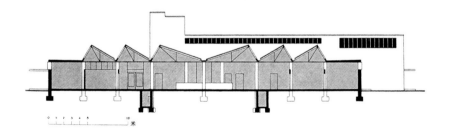

图 194　　　**德绍职介所**
东西剖面图，剖切位置位于双坡屋顶建筑

209

摄影：泰斯，德绍

图 195　　　　**德绍职介所**

双坡屋顶建筑的半圆形钢架

210

图 196　　　　**德绍职介所**

双坡屋顶建筑的半圆形钢架
安装檩条

图 197　　　德绍职介所

双坡屋顶建筑中心位置的分格天花板

212

图 198　　　　德绍职介所

双坡屋顶建筑中心位置的柱子，右侧为收银台

图 199　　**德绍职介所**

双坡屋顶建筑内区走廊

墙壁：白色釉面饰面砖

防尘吊顶：压花玻璃（Riffelglas）

图 200　　　　**德绍职介所**
　　　　　　　　双坡屋顶建筑中心位置的柱子

215

↑ 图 201 　　　德绍职介所
　　　　　　　行政用房西南面，背景为自行车棚和洗手间

↘ 图 202 　　　德绍职介所
　　　　　　　行政用房南面和楼梯间
　　　　　　　右侧为女性求职者出口

图 203   **德绍职介所**

双坡屋顶建筑北面，设置在外围的入口向不
同的求职人群开放

建筑师的职业目标是成为一个综合组织者，要从符合社会生活
理念的角度出发，收集所有和建筑相关的科学、技术、经济和
设计方法，并与众多专家和工人共同合作，有计划地调动各类
资源，将其融合为一个统一的作品。

218

摄影：泰斯，德绍

图书在版编目（CIP）数据

德绍的包豪斯建筑 /（德）瓦尔特·格罗皮乌斯
（Walter Gropius）著；刘忆译. -- 重庆 : 重庆大学出
版社, 2025. 4. --（包豪斯经典译丛）. -- ISBN 978-7-
5689-5028-2

Ⅰ. TU2

中国国家版本馆CIP数据核字第2025JA3644号

德绍的包豪斯建筑
DESHAO DE BAOHAOSI JIANZHU

[德] 瓦尔特·格罗皮乌斯（Walter Gropius）著
　　　刘　忆 译

策划编辑 : 李佳熙
责任编辑 : 杨　扬
责任校对 : 邹　忌
书籍设计 : 臧立平 @typo_d
责任印制 : 张　策

重庆大学出版社出版发行
出版人 : 陈晓阳
社址 :（401331）重庆市沙坪坝区大学城西路 21 号
网址 : http ://www.cqup.com.cn
印刷 : 天津裕同印刷有限公司

开本 : 890mm×1240mm　1/32　印张 : 7.125　字数 : 231 千
2025 年 4 月第 1 版　　2025 年 4 月第 1 次印刷
ISBN 978-7-5689-5028-2　定价 : 59.00 元